简明
肥料使用手册

王迪轩　何永梅　王雅琴　主编

化学工业出版社
·北京·

本书在简述肥料分类、施用方法、注意事项等实用知识的基础上，以肥料品种为主线，详细介绍了当前农业生产中常用肥料品种的特点（包括主要有效成分、含量、分子式、分子量)、质量标准、施用方法以及注意事项，另外，还有针对性地介绍了当前应用广泛的中、微生物肥料，复混（合）肥料，有机肥料，叶面肥料，水溶性肥料及缓控释肥料等新型肥料的施用技术。

本书适合广大农民、基层农技人员、农业管理人员及农资经销商等学习使用，也可作为肥料领域有关资讯查询的工具书，供肥料生产企业参考。

图书在版编目（CIP）数据

简明肥料使用手册/王迪轩，何永梅，王雅琴主编．北京：化学工业出版社，2018.10（2023.11重印）
ISBN 978-7-122-32794-9

Ⅰ.①简… Ⅱ.①王…②何…③王… Ⅲ.①施肥-技术手册 Ⅳ.①S147.2-62

中国版本图书馆 CIP 数据核字（2018）第 177971 号

责任编辑：刘　军　冉海滢　　　装帧设计：关　飞
责任校对：王　静

出版发行：化学工业出版社
（北京市东城区青年湖南街 13 号　邮政编码 100011）
印　　装：大厂聚鑫印刷有限责任公司
850mm×1168mm　1/32　印张 6　字数 157 千字
2023 年 11 月北京第 1 版第 6 次印刷

购书咨询：010-64518888　　　售后服务：010-64518899
网　　址：http://www.cip.com.cn
凡购买本书，如有缺损质量问题，本社销售中心负责调换。

定　　价：**24.00 元**　　

本书编写人员名单

主　　编　王迪轩　何永梅　王雅琴

副 主 编　谭一丁　龚立林　周建芳　彭特勋　隆志方

编写人员　（按姓氏汉语拼音排序）

曹冰兵　曹建安　陈天奇　龚立林　何延明
何永梅　贺铁桥　胡　为　孔志强　李光波
李丽蓉　李雪峰　李　艳　刘国荣　隆志方
彭特勋　谭卫建　谭一丁　王　灿　王迪轩
王雅琴　吴　琴　夏　妹　徐　军　徐军辉
藏文兵　张建萍　张有民　周建芳

前言

在农业生产上，种子、农药、肥料等投入品是必不可少的，对其科学使用，也是实现农作物高产高效的必要途径。

但编者在与农民交流的过程中，时常遇到不科学使用肥料，以致不能达到高产高效的目的，有时甚至适得其反，给农民造成不必要的损失。前不久，在某种植 600 余亩（1 亩 = $667m^3$）高山娃娃菜的蔬菜基地，编者就发现有九大问题，除了有软腐病、根肿病、黑腐病等病害，浇水不匀、杂草为害外，在施肥方面，普遍缺硼导致叶柄出现木栓化影响商品性，缺钙导致结球叶片外缘的叶烧现象影响商品性和产量。使用尿素作追肥时采用撒施，撒施不匀未充分溶解而烧叶毁苗，且施用方法不正确；一次性混用 8 种肥药进行叶面喷施，可能产生了化学变化，或产生了沉淀，叶面上有明显的肥药渍，个别娃娃菜产生肥药害现象。

在肥料应用方面，一般存在以下问题：一是农民大多偏向于传统肥料种类，难以接受生物有机肥、微生物肥料、缓/控释肥、水溶性肥料、腐植酸肥、药肥等新型肥料，或对这些新型肥料的效果和使用方法不明了；二是过分倚重于氮肥、磷肥、钾肥等大量元素化学肥料的施用，对钙肥、镁肥、硫肥、锌肥、硼肥等中、微量元素的施用不重视，因而生产中时常遇到缺钙、缺硼或缺镁等典型症状，农产品品质差；三是偏好或大量施用复合肥料等化学肥料，很少或不施用有机肥料、微生物肥料，因而导致土壤盐渍化、酸化等全国性土壤污染问题，及“不施肥不长，越施肥土壤板结、盐渍化、酸化、土传病害等现象越严重”的恶性循环；四是在水肥一体化的简易施肥技术方面，存在乱用肥料的现象，特别是用传统的颗粒化学肥料，很少应用叶面肥料及水溶性肥料，或对应用水溶性肥料的认识不足，因而水肥一体化技术的推广应用力度不够；五是在肥料的施用方法上，盲目图简，不了解肥料的性质和使用方法，生产中常因在作物上撒施尿素、施用未充分腐熟的鸡粪等导致烧苗毁种现象等。这些问题反映出农民对肥料品种的品种特性、施用方法及注意事项认识不足。

市面上，关于肥料品种的介绍和施用的书籍颇多，近年来，编者先后主持编写了《无公害蔬菜科学施肥问答》《农民科学施肥必读》《有机蔬菜科学用药与施肥技术》《新编肥料使用技术手册》《有机蔬菜科学用药与施肥技术（第二版）》《新编肥料使用技术手册（第二版）》等涉及肥料方面的读本，各有侧重。

湖南省蔬菜协会会长曹建安先生经常与省内一些蔬菜合作社打交道，针对合作社对蔬菜技术的要求，多次与编者交流，农民亟需一本介绍目前常用的肥料品种的简明施用方法和注意事项的资料。

鉴于农民在肥料应用方面依然存在诸多的问题和乱象，编者在与农民交流的过程中，认为很有必要编写一本简明的肥料使用手册，指导农民在施用肥料前，快速、简易、科学地掌握肥料的使用知识，了解常用及新型肥料的性质、质量标准、使用方法及注意事项。

由于时间仓促，编者水平有限，不妥之处在所难免，敬请读者批评指正。

王迪轩

2018 年 5 月

目 录

第一章 肥料基本知识 1

第一节 肥料的概念及分类 …… 1
一、肥料的概念 …… 1
二、肥料的分类 …… 1
第二节 施肥技术 …… 4
一、施肥时期 …… 4
二、施肥方法 …… 8
三、施肥深度 …… 14
第三节 施肥注意事项 …… 15
一、农业生产中的不合理施肥现象 …… 15
二、肥害产生的原因与补救措施 …… 17
三、肥料适宜混用和不宜混用的情形 …… 18

第二章 大量元素肥料使用技术 23

碳酸氢铵（ammonium bicarbonate） …… 23
氯化铵（ammonium chloride） …… 26
硫酸铵（ammonium sulfate） …… 28
尿素（urea） …… 30
过磷酸钙（superphosphate） …… 35
重过磷酸钙（triple superphosphate） …… 40
钙镁磷肥（calcium magnesium phosphate） …… 41

肥料级磷酸氢钙（fertilizer grade dicalcium phosphate） …… 43
钙镁磷钾肥（calcium magnesium potassium phosphate） …… 44
磷矿粉（phosphate rock powder） …… 44
氯化钾（potassium chloride） …… 46
硫酸钾（potassium sulfate） …… 48
钾镁肥（potassic-magnesian fertilizer） …… 50
硫酸钾镁肥（potassium magnesium of sulphate fertilizer） …… 51
钾钙肥（potash-lime fertilizer） …… 52

第三章　中、微量元素肥料使用技术 54

生石灰（limestone） …… 54
硫酸镁（magnesium sulfate） …… 58
石膏（gypsum） …… 59
硫黄（sulfur） …… 60
硫酸锌（zinc sulfate） …… 60
硼砂（borax） …… 63
硼酸（boric acid） …… 65
钼酸铵（ammonium molybdate） …… 66
硫酸锰（manganous sulfate） …… 67
硫酸亚铁（ferrous sulfate） …… 69
硫酸铜（copper sulfate） …… 70

第四章　复混(合)肥料使用技术 73

复混肥料（复合肥料）[compound fertilizer
（complex fertilizer）] …… 73
掺混肥料（bulk blending fertilizer） …… 77
磷酸一铵（monoammonium phosphate） …… 78
磷酸二铵（diammonium phosphate） …… 79
硝酸磷肥（nitrophosphate） …… 80
硝酸磷钾肥（potassium nitrophosphate） …… 81

农业用硝酸钾（potassium nitrate for agricultural use） ………… 83
农业用硝酸铵钙（calcium ammonium nitrate for agriculture） ……… 84
磷酸二氢钾（potassium dihydrogen phosphate） ………………… 85
氮磷钾三元复合肥（compound N,P and K fertilizer） ………… 87
有机-无机复混肥料（organic-inorganic compound fertilizer） ………… 88

第五章　有机肥料使用技术　92

人粪尿（human excreta） ………………………………… 92
厩肥（barnyard manure） ………………………………… 93
家畜粪尿 ………………………………………………… 94
禽粪 ……………………………………………………… 95
沤肥（waterlogged compost） ………………………………… 97
沼肥（biogas fertilizer） ………………………………… 98
堆肥（compost） ………………………………………… 106
饼肥（cake fertilizer） ………………………………… 107
绿肥（green manure） ………………………………… 108
草木灰（plant ash） ………………………………… 110
泥炭（peat soil） ………………………………………… 113
商品有机肥（organic fertilizer） ………………………… 115

第六章　新型肥料使用技术　117

第一节　微生物肥料 ……………………………………… 117
根瘤菌肥（rhizobium fertilizer） ………………………… 118
固氮菌肥料（azotobacter fertilizer） ……………………… 121
抗生菌肥（antagonistic fertilizer） ……………………… 123
磷细菌肥料（phosphate bacteria fertilizer） ……………… 124
硅酸盐细菌肥料（silicate bacteria fertilizer） …………… 126
光合细菌菌剂（photo synthetic bacteria） ………………… 128
复合微生物肥料（compound microbial fertilizers） ……… 129
土壤酵母（soil yeast） ………………………………… 131

生物有机肥（microbial organic fertilizers） …………………… 133
第二节　叶面肥料及水溶性肥料 …………………………………… 137
叶面肥料（foliar fertilizer） ……………………………………… 137
水溶性肥料（water soluble fertilizer） ………………………… 143
大量元素水溶肥料（watev-soluble fertilizers containing，phosphorus and potassium） ………………………………………………………… 145
中量元素水溶肥料（water-soluble fertilizers containing calcium and magnesium） …………………………………………… 146
微量元素水溶肥料（water-soluble fertilizers containing micronutrients） ………………………………………………………… 146
含腐植酸水溶肥料（water-soluble fertilizers containing humic-acids） …………………………………………………………… 147
含氨基酸水溶肥料（water-soluble fertilizers containing amino-acids） …………………………………………………………… 148
微量元素叶面肥料（foliarmicroelement fertilizer） ………… 149
第三节　缓控释肥料 ………………………………………………… 150
缓控释肥料（slow/controlled release fertilizers） ………… 150
缓释肥料（slow release fertilizer） …………………………… 153
脲醛缓释肥料（urea aldehyde slow release fertilizer） ………… 154
硫包衣尿素（sulfur coated urea） ……………………………… 157
长效碳酸氢铵（long acting-ammonium bicarbonate） ………… 159
长效尿素（long acting-urea） …………………………………… 160
长效复合（混）肥（controlled release compound fertilizer） … 163
控释肥料（controlled release fertilizer） ……………………… 163
稳定性肥料（stabilized fertilizer） ……………………………… 167
第四节　其他新型肥料 ……………………………………………… 170
海藻肥（seaweed fertilizer） …………………………………… 170
甲壳素肥料（chitosan fertilizer） ……………………………… 172
腐植酸肥料（humic acid fertilizer） …………………………… 175
土壤调理剂（soil conditioner） ………………………………… 177
参考文献 180

第一章 

肥料基本知识

第一节　肥料的概念及分类

一、肥料的概念

以提供植物（作物）养分为其主要功能的物料，称为肥料。肥料为植物（作物）提供养分，具有提高产品品质、培肥地力、改良土壤理化性能等作用，是农业生产的物质基础。

二、肥料的分类

肥料的品种日益繁多，目前还没有统一的分类方法，常见的肥料分类方法有以下几种。

1. 按化学成分

① 有机肥料　来源于植物和（或）动物，施于土壤，以提供植物（作物）养分为其主要功效的含碳物料。如饼肥、人粪肥、禽畜粪便、秸秆等沤堆肥、绿肥等农家肥料和腐植酸肥料等。

② 化学肥料　标明养分为无机盐或酰胺形态的肥料，由物理和（或）化学方法合成。如尿素、硫酸铵、碳酸氢铵、氯化铵、过磷酸钙、磷酸铵、硫酸钾、氯化钾、磷酸二氢铵、硫酸镁、硫酸

锰、硼砂、硫酸锌、硫酸铜、硫酸亚铁和钼酸铵等。

③ 有机-化学复混（合）肥料　来源于标明养分的有机肥料和化学肥料的产品，由有机肥料和化学肥料混合或化合制成。

2. 按营养元素成分含量

① 单质肥料　在肥料养分中，仅具有一种养分元素标明量的氮肥、磷肥、钾肥等的统称。如尿素、硫酸铵、碳酸氢铵、过磷酸钙、重过磷酸钙、硫酸钾和氯化钾等单质肥料；硫酸铜、硼砂、硫酸锌、硫酸锰、硫酸亚铁和钼酸铵等微量元素单质肥料。

② 复混肥料　氮、磷、钾 3 种养分中，至少有 2 种养分标明量的由化学方法或掺混方法制成的肥料，是复合肥料与混合肥料的总称。如各种复混（合）肥料。

③ 复合肥料　氮、磷、钾 3 种养分中，至少有 2 种养分标明量的仅由化学方法制成的肥料。如磷酸一铵、磷酸二铵、硝酸磷肥、硝酸钾和磷酸二氢钾等。

④ 混合肥料　将 2 种或 3 种氮、磷、钾单质肥料，或用复合肥料与氮、磷、钾单质肥料中的 1～2 种，也可配适量的中微量元素，经过机械混合的方法制取的肥料。可分为粒状混合肥料、粉状混合肥料和掺混肥料。如各种专用复混肥料。

⑤ 配方肥料　利用测土配方技术，根据不同作物的营养需要、土壤养分含量及供肥特点，以各种单质肥料或复合肥料为原料，有针对性地添加适量中微量元素或特定有机肥料等，采用掺混或造粒工艺加工而成的，具有很强针对性和地域性的专用肥料。

3. 按肥效的持续时间

① 速效肥料　养分易被植物（作物）吸收利用，即肥效快的肥料，但肥效较短，后劲较差。如尿素、硝酸铵、硫酸铵、氯化铵、碳酸氢铵、过磷酸钙、重过磷酸钙、硫酸钾、氯化钾和农用硝酸钾等。

② 长效（缓效）肥料　施入土壤后，养分所呈的化合物或物理状态能在一段时间内缓慢释放供植物或作物持续吸收利用的肥

料，包括缓溶性肥料、缓释肥料。

缓溶性肥料是通过化学合成的方法，降低肥料的溶解度，以达到长效的目的。如尿甲醛、尿乙醛和聚磷酸盐等。

缓释性肥料是在水溶性颗粒肥料外面包上一层半透明或难溶性膜，使养分通过这一层膜缓慢释放出来，以达到长效的目的。如硫包衣尿素、沸石包裹尿素等。

4. 按肥料的物理状态

① 固体肥料　呈固体状态的粒状、粉状肥料。如尿素、硫酸铵、氯化铵、过磷酸钙、钙镁磷肥、磷酸铵、硫酸钾、氯化铵、硼砂、硫酸锌和硫酸锰等。

② 液体肥料　悬浮肥料、溶液肥料和液氨肥料的总称。如液氮、氨水、叶面肥料、液体单质化肥或液状复合肥、聚磷酸铵悬浮液肥等。

③ 气体肥料　常温、常压下呈气体状态的肥料。如二氧化碳。

5. 按作物对营养元素的需求量

① 大量元素肥料　利用含大量营养元素的物质制成的肥料。如氮肥、磷肥和钾肥。

② 中量元素肥料　利用含中量营养元素的物质制成的肥料。常用的有镁肥、钙肥和硫肥。

③ 微量元素肥料　利用含微量营养元素的物质制成的肥料。常用的有硼肥、锌肥、锰肥、钼肥、铁肥和铜肥等。

④ 有益营养元素肥料　利用含有益营养元素的物质制成的肥料。常用的有硅肥、稀土肥料等。

6. 按肥料的化学性质

① 碱性肥料　化学性质呈碱性的肥料。如碳酸氢铵、钙镁磷肥、氨水和液氨等。

② 酸性肥料　化学性质呈酸性的肥料。如磷酸二氢钾、过磷酸钙、硝酸磷肥、硫酸锌、硫酸锰和硫酸铜等。

③ 中性肥料　化学性质呈中性或接近中性的肥料。如硫酸钾、

氯化钾、硝酸钾和尿素等。

7. 按反应的性质

① 生理碱性肥料　养分经作物吸收利用后，残留部分导致生长介质酸度降低的肥料。如硝酸钠、磷酸氢钙和钙镁磷肥等。

② 生理酸性肥料　养分经作物吸收利用后，残留部分导致生长介质酸度提高的肥料。如氯化铵、硫酸铵和硫酸钾等。

③ 生理中性肥料　养分经作物吸收利用后，无残留部分或残留部分基本不改变生长介质酸度的肥料。如硝酸钙、尿素和碳酸氢铵等。

第二节　施肥技术

施肥技术包括施肥时期、施肥方法和施肥深度三个方面，三者相互配合，以满足作物整个生育期养分的充分供应。

一、 施肥时期

1. 基肥

在作物播种或移栽前施用的肥料称基肥。一般也可以叫底肥(尤其是一年生作物)。基肥的主要作用是培肥地力、改良土壤，并能较长时间供给作物所需的养分。一般基肥的施用量较大，约占总用肥量的一半以上。作基肥施用的肥料大多是迟效性的肥料，如厩肥、堆肥、家畜粪等是最常用的基肥。化学肥料中的磷肥和钾肥，易被土壤吸收固定，肥效较长，一般也可作基肥施用，如沉淀磷酸钙、钙镁磷肥．磷矿粉、过磷酸钙等。可用几种肥料，如有机肥料和氮肥、磷肥、钾肥同时施用，也可与机械作业结合进行，施肥的效率高，肥料能施得深。对多年生作物，一般把秋、冬季施作的肥料称作基肥。化肥中，磷肥和大部分钾肥主要作基肥施用，对生长期短的作物，也可把较多氮肥用作基肥。

基肥的施用原则主要有：

① 结合深耕施肥　把缓效肥料施于土壤耕层的中下部，土壤耕层的上部施用速效肥料，做到分层施肥，缓效与速效肥料结合，充分发挥肥料的增产作用。对挥发性氮肥应深耕施用，磷肥、钾肥要深施、条施或穴施，可提高氮肥利用率20%左右，提高磷肥、钾肥利用率8%左右。

② 集中施用　施肥应尽量集中条施或穴施在播种行内，以提高肥效。

③ 多种肥料混合施用　按照各种作物的营养特性和土壤供肥特点，推广多种肥料混合施用，调整肥料中的养分比例，以相互促进，提高肥效。

一般来说，复合肥作为底肥施用，较其他肥料单独施用或混合施用有一定的优势。复合肥具有养分含量高、副成分少且物理性状好等优点，对于平衡施肥、提高肥料利用率、促进作物的高产稳产有十分重要的作用，养分比例灵活多样，可以满足不同土壤、不同作物所需的营养元素种类、数量。

随着粮食产量的提高，土壤缺素的现象开始表现出来，农民开始更多地选用复合肥，有针对性地补充作物所需的营养元素，实现各种养分平衡供应，满足作物需要；达到提高肥料利用率和减少用量、提高作物产量、改善农产品品质、节省劳力、节支增收的目的。

复合肥浓度差异较大，应注意选择合适的浓度。目前，多数复合肥都是按照某一区域土壤类型平均养分和大宗农作物需肥比例配置而成。应因地域、土壤、作物不同，选择使用经济、高效的复合肥。

复合肥浓度较高，要避免种子与肥料直接接触，否则会影响出苗甚至烧苗、烂根。播种时，穴施、条施复合肥要与种子相距5～10cm，切忌直接与种子同穴施，造成肥害。复合肥原料配比不同，应注意养分成分的使用范围。复合肥不宜用于苗期肥和中后期肥，以防贪青徒长。

复合肥仍然不能完全取代有机肥料，应该尽可能地增加腐熟有机肥料的施用量。复合肥与有机肥料配合施用，可提高肥料和养分的利用率。有机肥料的施用，不仅可以改良土壤，活化土壤中的有益微生物，更能节省能源，减轻环境的污染，达到绿色食品生产的需求。

④ 加入适量的化学肥料，大中微量元素都要有。为了保证基肥能够充足地供应作物整个生育期生长的营养，基肥中常采取有机肥混加化学肥料的方法。通常把所需的磷肥的100％、钾肥的20％～50％、氮肥的30％～50％混入有机肥中一并施入。化肥的用量要根据所使用有机肥的质量和数量做相应的调整。同时，中微量元素不可缺少。由于地域不同，土壤中中微量元素的含量不一样，应及时进行测土了解土壤中中微量元素的丰缺情况。

通常情况下，基肥中需要施入的微量元素肥料为钙肥、硼肥以及铁锌肥料等。在施用中微肥的时候需要注意，要购买使用有效的肥料产品。

⑤ 此外，在基肥中混加适量的生物菌肥是基肥施用的趋势，在土壤中就是依靠微生物来达到有机肥的分解和各种养分的转化。基肥中混加生物菌肥一方面可更好地改良土壤，提高养分的吸收利用率；另一方面生物菌肥可起到以菌抑菌、预防根部病害以及重茬危害的效果，减少了因根部问题带来的农药投入。有条件的可适当添加杀虫剂，因为粪肥类型的有机肥未腐熟时会存在大量的蝇蛆、鸡虱子等，可通过腐熟产生的高温及杀虫剂来达到净化的目的。

2. 种肥

种肥是与作物种子播种或幼苗定植时一起施用的肥料。施种肥可以节约肥料、提高肥效，为种子萌发和幼苗生长创造良好的营养和环境条件。尤其是土壤贫瘠和作物苗期低温、潮湿、养分转化慢的区域，苗期作物幼根吸收力弱，影响根系生长和作物前期的营养生长。种肥的作用一方面表现在供给幼苗养分特别是满足植物营养临界期时养分的需要；另一方面，腐熟的有机肥料作种肥还可以改善种子床和苗床物理性状。由于肥料直接施于种子附近，要严格控制用量和选择肥料品种，以免引起烧种、烂种，造成缺苗断垄。

种肥的施用方式有多种，如拌种、浸种、条施、穴施或蘸根。蘸根是对水稻等作物在幼苗移栽时，把肥料稀释成一定浓度（一般是0.01%～0.1%），把作物的根部往肥液中蘸一下即插栽，成活率高、操作方便、效果良好。另外一种方式是在播种前将种子包上一层含有肥料的包衣，如包在玉米种子或紫云英种子上，也称种子球化，能起到较好的种肥作用。

在采用机械播种时，混施种肥最方便，但混施的肥料只限于腐熟的有机肥料和缓效肥料，一般可施于播种行、播种穴或定植穴中，即种子或幼苗根系附近；也可在作物种子播种时将肥料与泥土等混合盖于种子上，俗称盖籽肥。用作种肥的肥料，以易于被作物幼根系吸收，又不影响幼根和幼苗生长为原则。因此，要求有机肥料要充分腐熟，化肥要求速效，但养分含量不宜太高，酸碱度要适宜，在土壤溶液中的解离度不能过大或盐度倍数不能过高，以防在种子周围土壤水分不足时与种子争水，形成浓度障碍，影响种子发芽或幼苗生长。

氮肥中以硫酸铵作种肥为好，不宜用碳酸氢铵、氯化铵、硝酸铵等，如需用尿素作种肥，必须选用优质尿素，用量不能过大，每亩2～3kg，最好采用条施，先施种肥后播种，尽量避免种子与肥料接触。

磷肥中可用已中和游离的氨化普钙、钙镁磷肥作种肥，每亩5～10kg，可以拌种施用，若用过磷酸钙，则必须选优质特级品，每亩10～15kg，不能接触种子。也可用10%的草木灰与过磷酸钙混合中和酸性，最佳方法是与优质过筛的农家肥混合施用。

钾肥中可用硫酸钾，每亩用量为1.5～2.5kg，不能与种子接触，以免烧幼苗。不能用氯化钾、硝酸钾。

其他品种的化肥，只有在严格控制用量并与泥土等掺和后才可用。微量元素肥料也可同时掺入，但数量应该严格控制。

种肥的用量一般很少，氮肥、磷肥、钾肥施入量一般为每亩

3～5kg，有机肥料最好能腐熟过筛，一般在种子重量的2倍左右。

3. 追肥

作物生长期间所施的肥料统称追肥。追肥是相对基肥来说的，是指在播种或移栽作物之后，在某些特定的生育期施肥，供应作物该时期对养分的大量需要，或者补充基肥的不足，以促进营养生长或生殖生长，使作物达到最佳的生长状态。

追肥施用的特点是比较灵活，要根据作物生长的不同时期表现出来的元素缺乏症，对症追肥。

作物的生长期越长，植株越高大，追肥的必要性越大。追肥一般用速效性化肥，有时也配施一些腐熟有机肥料。用氮肥作追肥时，应尽量用化学性质稳定的氮肥，如硫酸铵、硝酸铵、尿素等。钾肥一般不作追肥用。

追肥的时间由各种作物的生育期决定，如水稻等粮食作物的分蘖期、拔节期、孕穗期和番茄等的开花期、坐果期等。由于同一作物的全生育期中，可以追肥几次，因此具体的追肥常以作物的生育时期命名，如水稻、小麦有分蘖肥、拔节肥、穗肥等，对结果的作物有开花肥、坐果肥等。

施追肥时植株根系已初步发育形成，不宜用机械追肥，以免伤根。施肥深度不宜太深，不宜贴在作物茎基部施肥。一般旱地追肥采用条施或穴施，施肥深度为5～15cm，与植株茎基部相距10～15cm。水田撒施，应及时灌适量水覆盖，或直接结合中耕将肥料与土壤充分混合。追肥也可采取喷灌、滴灌等方式。

二、 施肥方法

施肥方法就是将肥料施于土壤中的途径与方式。科学施肥的基本要求是，尽量施于作物根系易于吸收的土层，提高作物对化肥的利用率；选择适当的位置与方式，以减少肥料的固定、挥发和淋失。根据作物种类、土壤条件、耕作方式、肥料用量和性质，采用不同的施肥方法。目前常用的施肥方法中，基肥有全层施肥法、分层施肥法、撒施法、条施法和穴施法等；追肥有撒施法、条施法、穴施法、环施法、冲施法和喷施法等；种肥有拌种法、浸种法、蘸秧根法和盖种肥法等。最常用的施肥方法有撒施、条施、穴施、轮施和放射状施肥。

1. 撒施

撒施是将肥料用人工或机械均匀撒施于田面，然后把肥料翻耕入土的方法，属表土施肥，主要满足作物苗期根系分布浅时的需要。一般未栽种作物的农田施用基肥时，或大田密植的粮食作物（如水稻、小麦）施用追肥时，常用此法。

有机肥料和化肥均可采用撒施。撒施结合土壤耕作措施，如耕耙作业，将肥料施于耕地前或耕地后耙地前，均可增加土壤与化肥的均匀度，实现土肥相融，有利于作物根系的伸展和早期吸收。

撒施的优点是操作简单，土壤各部位都有养分被作物吸收；缺点是肥料利用率不高，因为肥料不能全部被作物利用，同时肥育了杂草，水溶性磷肥与土壤过多接触，容易被固定而降低肥效，肥料用量大。在土壤水分不足、地面干燥或作物种植密度稀，又无其他措施使肥料与土壤混合时，撒施的肥料易于被雨水或灌溉水冲走，易挥发，也易于被地表杂草幼苗吸收，增加了肥料的损失，降低了肥效。

2. 条施

开沟将肥料成条地施用于作物行间或行内土壤后覆土的方法称为条施。一般基肥和追肥可采用条施的方法，条施可用机械或手工进行。对多数作物条施须事先在作物行间开好施肥沟，深5～10cm，施肥后覆土；但在土面充分湿润或作物种植行有明显土垄分隔时，也可事先不开沟，而将肥料成条施用于土面，然后覆土。

条施比撒施肥料集中，有利于将肥料施到作物根系层，并可与灌溉措施相结合，更易达到深施的目的，因此，肥效常比较高。成行或单株种植的作物如棉花、玉米、茶叶、烟草、红薯等，一般都采用开沟条施。但若只能在作物种植行实行单面条施，在施肥后的短期内，作物根系及地上部可能出现向施肥的一侧偏长的现象。对此，农民创造了一种连续在两株作物间开短斜沟的施肥法，将肥料施于斜沟中覆土，使条沟的两端各伸向两株作物的两个侧面（一株左面，一株右面），则相邻两条短斜沟，即可照顾到一株作物的两面，这样可避免单边施肥。

有机肥和化肥都可采用条施。在多数条件下，条施肥料都需开沟后施入沟中并覆土，有利于提高肥效。干旱地区或干旱季节，条施肥料常可结合灌水后覆土。

3. 穴施

在作物预定种植的位置或种植穴中，或在苗期按株或在两株间开穴施肥称穴施。穴深 5～10cm，施后覆土。

穴施是一种比条施更能使肥料集中的施用方法。对单株种植的作物，若施肥量较小并且必须计株分配肥料或需与灌水相结合、又要节约用水时，一般都采用穴施。穴施也是一些直播作物将肥料与种子一起放入播种穴（种肥）的好办法。

有机肥料和化肥都可以采用穴施。为了避免穴内浓度较高的肥料伤害作物根系，采用穴施的有机肥料必须预先充分腐熟，化肥需适量，施肥穴的位置应注意与作物根系保持适当的距离。施肥后覆土前尽量结合灌水，化肥施用效果会更好。

4. 轮施和放射状施

轮施和放射状施是以作物主茎为圆心，将肥料呈轮状或放射状施用。一般这种方法用于多年生木本作物，尤其是果树。这些作物的种植密度稀，株间距离远，单株的根系分布与树冠面积大，而主要吸收根系呈轮状集中地分布在周边，如果采用条施、撒施或穴施的施肥方法，很难使肥料与作物根系充分接触，肥料利用率不高。

轮施的基本方法为以树干为圆心，沿地上部树冠边际内（滴水线）对应的田面开挖轮状施肥沟，施肥后覆土。沟一般挖在边线与圆心的中间或靠近边线的部位，可围绕圆心挖成连续的圆形沟，也可间断地以圆心为中心挖成对称的 2～4 条一定长度的月牙形沟。施肥沟的深度随树龄和根系分布深度而异，一般以施至吸收根系附近又能减少对根的伤害为宜。施肥沟一般比大田条施时宽。在秋、冬季对果树使用大量有机肥料时，也可结合耕地松土在树冠下圆形面积内普施肥料，施肥量可稍大。

果树的施肥方法有以下几种。

① 放射沟施肥　以树干为圆心，等距离挖 6～8 条放射状沟，深 50cm 左右（沙地可适当浅挖，以 30～40cm 为宜），且要求内浅外深，沟长与沟深因树龄、树冠大小与肥料种类而定，一般以树冠外围为中心，内外各 1/2，然后将肥料施入，并注意冠外多施、冠内少施。翌年以同样的方法，调换施肥位置。如此也能达到全园施肥的目的。

② 条沟施肥　在果树行间、树冠滴水线内外，挖宽 20～30cm、深约 30cm 的条状沟，将肥料施入，也可结合深翻进行，每年更换位置。此法适宜于宽行密株栽植的果园采用，便于机械化操作。

③ 环状施肥　又叫轮状施肥，于树冠外围 20～30cm 处挖一条宽 50cm、深 50cm 的环状沟，将肥料施入即可。此法具有操作简便、经济用肥等优点，适于幼龄树使用；但挖沟时易切断水平根，且施肥范围较小，易使根系上浮而分布于表土层。

④ 全园施肥　只适用于成龄园。具体方法是将肥料均匀地撒布于全园，之后翻入土中。密植园可采用全园施肥，但因施入深度不够，同时根系又具有向肥性，常会造成根系上浮，降低根系的抗逆性和树体的抗旱耐涝能力。幼树期根系尚未布满全园，如进行全园施肥，会造成人力和物力的浪费，所以不宜采用。

5. 根外追肥

根外追肥又称叶面施肥，是将水溶性肥料或生物性物质的低浓度溶液喷洒在生长中的作物叶片上的一种施肥方法。可溶性物质通过叶片角质膜经外质连丝到达表皮细胞原生质膜而进入植物体内，用以补充作物生育期中对某些营养元素的特殊需要或调节作物的生长发育。

作物生长后期，当根系从土壤中吸收养分的能力减弱时或难以进行土壤追肥时，根外追肥能及时补充植物养分。根外追肥能避免肥料土施后土壤对某些养分所产生的不良影响，及时矫正作物缺素症。在作物生育盛期当体内代谢过程增强时，根外追肥能提高作物的总体机能。根外追肥可以与病虫害防治或化学除草相结合，药、肥混用，但要注意不产生沉淀时才能混用，否则会影响肥效或药效。

并不是所有化肥都适用于叶面喷施，不能作叶面喷施的化肥有：不溶于水的化肥，如钙镁磷肥、氧化锌、锰矿渣等；具有挥发性氮的化肥，如氨水、碳酸氢铵以及磷酸二铵等；含有毒物质的化肥，如氰氨化钙、含三氯乙醛的磷肥等。此外，对氯敏感的作物不要用含氯化肥叶面喷施，以免引起氯的为害。

根外追肥用量少、肥效快，是一种辅助性的施肥措施。对氮、磷、钾大量元素来说，作物生长后期根系吸收力弱，可以及时补充养分吸收的不足。对微量元素根外追肥更有意义。但是要注意，根外追肥并不能替代土壤施肥。施用效果取决于多种因素，特别是气候、风速和溶液持留在叶面上的时间。因此，根外追肥应在天气晴朗、无风的下午或傍晚进行。

6. 冲施

冲施是指把固体的速效化肥溶于水中并以水代肥的施肥方式，又称肥水灌溉或肥灌。冲施肥常用水溶性化肥，主要是氮肥和钾肥，二者的水溶性强，通过肥水结合，让可溶性的氮钾养分渗入到土壤中，再被作物根系吸收。漫灌、沟灌、滴灌、喷灌和地下浸润灌溉，均可掺入肥料，即用低浓度的营养液灌溉，但以喷灌施肥（雾滴营养液施肥）和滴灌（液滴灌根施肥）最为普遍。

喷灌是水通过水泵将水流喷洒于田中。其优点有：可以较方便地施肥和灌水；可以在有较大坡度的地区进行，但要注意防止水土流失；喷灌装置不会严重压实土壤；在追肥条件下，即使喷洒在叶子上，由于浓度很稀，也不会灼伤作物，但在风速较大或喷灌出现故障时，存在肥料分布不均匀的问题。喷灌施肥可节省氮肥20%左右。

滴灌是在低压情况下，把灌溉水通过等距离细管和滴头输送到根际土壤中，通过控制滴头数量和流速来控制用水量。滴灌施肥可节省氮肥40%～60%。

冲施肥主要是在蔬菜生长的旺盛季节追肥用的，广泛用于大棚和露地蔬菜上。由于冲施肥的肥效来得快，一般冲后2～5d就可见效，反映在叶色和株高上变化明显。冲施肥单次的养分量一定要规范。在高产蔬菜种植中，每次的纯氮用量应控制在每亩2～4kg，尤其是硝态氮素要控制在每亩2～3kg以下，有限次数的钾肥用量（氧化钾）一般在每亩2～4kg。否则，养分损失大，降低了利用率，又造成水质污染。全生育期的冲施肥一般以2次为宜。

冲施肥的时期是在作物大量生长期。例如，果菜类在盛果期，采摘瓜果后冲施；大白菜在包心期。在秋菜的种植中，以气温下降、土壤矿化作用下降，而蔬菜作物又是大量生长期为宜。对灌水量进行控制，畦灌方式下防止大水漫灌，渠灌时沟深与水量要适宜，防止溶于水中的养分随水流失。

7. 拌种

将少数的肥料与种子均匀拌和或把肥料配成一定浓度的溶液与种子均匀拌和后一起播入土壤的一种施肥方法。拌种肥料用量都较少，拌种时，肥料和种子应该都是干的，随拌随播，增产效果好。

8. 浸种

用某些肥料做成稀溶液，将种子浸泡一定时间后，取出稍晾干后播种。经过处理的种子，发芽出苗比较整齐健壮，抗逆性增强，有利于作物增产。但要严格掌握溶液浓度、浸泡时间，以免对种子造成不良影响。

9. 蘸秧根

在作物秧苗栽插时，蘸上一定的肥料，随蘸随栽，效果良好。移栽植物如水稻等，将磷肥或微生物菌剂配制成一定浓度的悬浊液，浸蘸秧根，然后定植。栽甘薯秧时蘸草木灰，可收到省肥增效的结果。

10. 盖种

开沟播种后，用充分腐熟的有机肥或草木灰盖在种子上面的施肥方法，具有供给幼苗养分、保墒和保温作用。在作物套种或穴播时，可采用此法。

三、施肥深度

不同作物根系发育程度不同，即使同一作物不同生长期，根系在土层中分布的深度也不相同。合理施肥应该把肥料大部分施在根系密集的层次，施在根系活力最强的部位，这样有利于作物的吸收。施肥深度直接决定肥料在土壤中的位置，进而决定着肥料与不断伸展的作物根系的相互关系。只有把肥料施到作物的“嘴边”(根系吸收层)，才能充分发挥其肥效。但在生产实践中，不少人却往往忽视对施肥位置的考虑和合理安排。

1. 表面施肥

表面施肥是将肥料撒施于土面的方法。肥料在土壤中分布浅，一般只在耕作层上部的几厘米，主要满足作物苗期、根系分布浅时的需要。肥料施于表面易被雨水或灌溉水冲走，易挥发，也易被土面新发芽的杂草幼苗所吸收。因此，除密植作物的后期难以进行机械和人工施肥时撒施表面，不论有机肥料和化肥都提倡深施。

2. 全耕层施肥

全耕层施肥是将肥料与耕作层土壤混合的施肥方法，深0～10cm，也有深至15cm左右的。利用机械耕耙作业进行全耕层施肥最为方便，一般在完成耕地作业后，将肥料撒施在耕翻过的土面上，然后用旋耕机或耙进行碎土整地作业，使肥料混合进入耕作层土壤中。采用人工施肥时，需在施肥的田间不断捣翻土壤，以便肥料混合于耕作层中，比较费工。这种施肥方法的主要好处是肥料能均匀分布于耕作层中，有利于在一段时间内作物根系的伸展和吸收，使作物的长势均匀。但采用这一方法每次所需的肥料量较多，如果肥料较少，难以达到均匀施肥。

如在耕地作业前在较平实的田面施肥，然后进行耕地，则大部分肥料将随土块耕翻时被翻入耕作层底部，肥效较长，但在作物生长的早期供肥稍差。

3. 分层施肥

为了兼顾作物生长的早期和晚期需肥，又能减少施肥次数，可在作物种植前实行对不同土层的分层施肥。最常见的是双层施肥，即把施肥总量中一定比例的肥料（如60%），利用机械耕翻或人工将其翻施入耕作层下部，为下层肥，深10～20cm，然后将其余部分肥料再施于翻转的土面上，在耙地碎土时混入耕作层上部土层中（上层肥），深0～10cm。作物生长的早期，主要利用分布在上部的肥料，晚期可充分利用下部的肥料。实施这种方法，一次施肥量可较大，施肥次数少，肥效高。对应用地膜覆盖栽培的作物，尽量不破膜追肥，尤其适宜这种方法。

第三节　施肥注意事项

一、农业生产中的不合理施肥现象

1. 过量施肥

农民在施肥中常常过量施肥。过量施肥不仅造成肥料流失浪费，污染环境，甚至会使作物抵抗力下降、产生毒害等副作用。如过量施氮肥，会导致作物恋青晚熟，抵抗力下降，易倒伏，易发生病害；易引起氨挥发，遇空气中的雾滴形成碱性小水珠，灼伤作物，在叶片上产生斑点。如过量施用硫肥，会影响作物生长，对作物产生毒害。

过量施肥还会妨碍作物对其他营养元素的吸收，引起缺素症。例如，施氮过量会引起缺钙；硝态氮过多会引起作物缺钼失绿；钾过多会降低钙、镁、硼的有效性；磷过多会降低钙、锌、硼的有效性。

过量施肥还会影响农产品品质，浪费资源，污染土壤和地下水源，威胁生态平衡和人类身体健康。如过量施用氮肥和磷肥，会使氮、磷养分进入水体，导致水中藻类等水生物过量繁殖，当藻类等水生物死亡后，其有机物的分解使水体中溶解氧大量被消耗，水体呈现缺氧状态，使水质恶化，造成鱼、虾死亡等严重后果。

2. 施肥时期不当

作物施肥应该把握好几个关键时期，如在作物生长的营养临界期和最大效率期。作物在生长转型期和生长旺盛期，如果肥料供应不足，则生长受到限制，会造成减产。许多农民盲目施肥，甚至采取“一炮轰”的方式，都是不可取的，应该施足基肥，并在作物生长关键时期适时追肥。

3. 施肥方法不当

① 施肥浅或表施　有些肥料易挥发、流失，或难以到达作物根部，不利于作物吸收，造成肥料利用率低。应注意深施或全层施肥，一般肥料施于种子或植株侧下方的 15～25cm 处。

② 土壤水分不足，局部肥料浓度过高　一次性施用化肥过多或施肥后土壤水分不足，不及时浇水，会造成土壤溶液浓度过高，作物根系吸水困难，导致植株萎蔫，甚至枯死。含氮高的肥料易烧苗，要注意浇水和施肥深度。

③ 肥料品种选择不当　如“忌氯作物”施用含氯肥料，或过量施用含氯肥料。对叶（茎）蔬菜过多施用氯化钾等，不但造成蔬菜不鲜嫩、纤维多，而且使蔬菜味道变苦，口感差，效益低。在酸性土壤过量施用硫酸铵等酸性肥料，会造成土壤板结。或者在喜酸性土壤的作物上施用碱性肥料等，均不利于作物生长。

④ 肥料施用方法不当　有人将鲜人粪尿不发酵就直接施用于蔬菜。新鲜的人粪尿中含有大量的病菌、毒素和寄生虫卵，如果未经腐熟而直接施用，会污染蔬菜，传染疾病，需要高温堆沤发酵或无害化处理后才能施用。还有人将不能混用的肥料混用，如将人畜粪尿和草木灰混用等。

二、肥害产生的原因与补救措施

1. 作物肥害的根源及对策

肥害是指农作物施肥方法不当或施肥量过多，导致作物贪青、徒长、晚熟、抗性减弱、易倒伏、病虫害加重或烧苗、萎蔫造成减产甚至整株死亡的现象。

（1）产生肥害的主要原因

① 失水　如一次施用化肥过多或施肥后土壤水分不足，引起土壤肥料溶液浓度过大，使作物细胞内水分反渗透，造成作物失水，出现萎蔫，影响正常发育以至其死亡。

② 烧伤　有的化肥，如碳酸氢铵，在气温比较高的情况下施用，容易产生大量氨气，烧伤作物叶片和根系，轻者下部叶尖发黄，重者全株枯死。

③ 毒害　过多施肥，也会对作物产生毒害，导致发育不良而减产。此外，有些化肥，如石灰氮，如果直接施用，会在土壤内转化分解产生有毒物质，毒害作物根系，引起作物受害，甚至死亡。

（2）避免肥害的措施　测土配方施肥和正确的施肥方法是避免肥害的关键。生产中一般采取重基肥、轻追肥，追肥的一次用量不能过多，并要注意施用方法，防止伤苗。切勿随便加大施肥用量。

产生肥害后，应及时分析原因，有针对性地采取补救措施。如麦类施氮肥过多，麦苗会出现黄脚叶多、小分蘖多等现象，可通过增施磷、钾肥的方法补救，具体方法是：每亩用过磷酸钙 1kg 对水 50kg，浸泡 24h 后，取澄清液于晴天下午均匀喷施叶面，同时每亩撒施草木灰 50～100kg。此外，在拔节之前，可按浓度要求喷施多效唑或矮壮素等植物生长调节剂，以抑制麦苗茎秆生长，促进根系发育，能有效地缓解或减轻肥害。

2. 冬季大棚蔬菜肥害的原因及对策

大棚内氨气浓度过大时，会造成氨气中毒现象，氨气中毒危害分外伤型和内伤型两种。外伤型危害主要是危害幼苗叶片，叶缘组织先变褐色，后变白色，叶片四周出现水渍状斑点，严重时枯死。内伤型危害一般是一次施用了大量的铵态氮肥造成土壤溶液浓度过高，蔬菜吸收养分受阻，细胞渗透阻力增大，严重的还会出现反渗透现象，根系失水变褐，叶变黄。

（1）产生肥害的主要原因　一是施用过量的铵态氮肥；二是施用未充分发酵腐熟的粪及豆饼等有机肥；三是棚内撒施尿素或碳酸氢铵；四是土壤干燥；五是通风不及时。

肥害虽然不是病，一旦发生，如果处理不当，1～2d内蔬菜就会全棚覆灭。

（2）避免肥害的措施　及时浇水，土壤不可太干，要保持湿润状态。有些菜农为控制苗期徒长，控水控过了头，极易发生氨气中毒。苗期结合浇水可喷助壮素进行管理。不可在棚内撒施化肥，要深施盖土，并且要施后浇水。施用的有机肥要经过充分腐熟后再施用。不要过量施用铵态氮肥和硝酸铵肥料，施肥要少量多次。在保证幼苗温度的条件下，尽量通风换气，减少棚内氨气。

3. 高温天气肥害的原因及对策

（1）产生肥害的原因　温度超过30℃时，由于土壤水分蒸发快，即使肥料浓度很小，由于水分减少，再加上植物蒸腾作用旺盛，相当于提高了土壤中肥料的浓度。土壤中肥料浓度太大，就会导致肥害。

（2）避免肥害的措施　在高温天气追肥，一定要慎重，如果气温太高，在35℃以上时，无论植物处于什么样的状况，都不要追肥。

三、 肥料适宜混用和不宜混用的情形

肥料在施用过程中经常需要混配，但应清楚哪些肥料能混施，哪些不能混施。

1. 适宜混用的情形

（1）化肥与农家肥的混用方法

① 施肥时间　农家肥见效慢，宜早施，一般在播前一次性施底肥；而化肥用量少，见效快，一般应在作物吸收营养高峰前7d左右施入。

② 施用方法　农家肥要结合深耕施入土壤耕层，或结合起垄扣入垄底。与农家肥搭配的氮素化肥，30%作底肥，70%作追肥，磷肥和钾肥作底肥一次性施入。

③ 施用数量　化肥与农家肥配合施用，其用量可根据作物和土壤肥力不同而有所区别。如在瘠薄的地上种玉米，每亩可施农家肥4000kg、尿素24kg、磷肥13kg，或施总养分15-15-15的复合肥13kg；中等肥力土壤可施农家肥3000kg、尿素20kg，或施总养分15-15-15的复合肥12kg；高肥力土壤可施农家肥2500kg、尿素15kg。尿素在追肥时使用效果更佳，复合肥以底肥为佳。

(2) 化肥与化肥之间宜混用的情形

① 碳酸氢铵与过磷酸钙混合施用，能使作物在吸收氮、磷等营养元素的同时还可中和过磷酸钙中一部分游离酸，消除其危害。但应注意，两者混合比例要适当，pH保持在微酸性至中性，不可呈碱性，否则过磷酸钙中的水溶性磷在碱性环境中易转化为难溶性磷，从而降低肥效。

② 硝酸铵和氯化钾混合后的生成物中，有一部分为氯化铵和硝酸钾，它们比硝酸铵具有更好的物理性质，潮解性较小，易于施用，但混合后不宜久放。

③ 硝酸铵、氯化铵、硫酸铵、尿素、过磷酸钙、重过磷酸钙、硫酸钾和氯化钾，可与碳酸氢铵、氨水混合，但要立即使用。

④ 硝酸铵、尿素可与硫酸铵、氯化铵混合，但要立即使用。

⑤ 尿素与氯化钾或过磷酸钙混合，可加入少量厩肥或干泥炭（每500kg肥料中加入50kg），随混随用。

⑥ 过磷酸钙和硝酸铵要随混随施，或先用10%～20%的磷矿粉或5%的草木灰中和过磷酸钙中的游离酸，然后混合施用。重过磷酸钙可与硝酸铵混合，但要立即施用。

⑦ 过磷酸钙、重过磷酸钙、人粪尿、堆肥、厩肥可与尿素混

合，但要立即使用。

⑧ 磷矿粉或钙镁磷肥与厩肥、堆肥、绿肥等混合沤制，有促进磷肥肥效的作用。因有机肥料堆沤中产生的有机酸，可使难溶解性磷肥转化为易溶态。

⑨ 磷矿粉、骨粉可与过磷酸钙、重过磷酸钙混合，但要立即使用。

(3) 化肥与农药混用的情形　化学肥料与农药混配使用，既能提供作物养分，又能防病、治虫、除草，是近年广泛采用的一项技术。可提高药效，如在2,4-滴钠盐中加入0.3～0.4kg尿素，可显著提高杀草效果，这是由于加入化肥后，可促进对2,4-滴的吸收，从而提高杀草效果；提高肥效，如扑草净和氮肥混用可提高氮肥效果；为提高工效，在早稻第一次追施氮素化肥时，拌入除草剂异丙·苄·甲黄隆（伏草星），既能供肥，又能除草。尽管肥料与农药混合使用有许多优点，但并不是所有肥料与农药都能混合使用的，能否混用有两个原则：一是不降低肥效和药效，如铵态氮肥或水溶性磷肥不能与波尔多液等碱性农药混合，否则会降低肥料的有效成分；二是混合后对作物无害，通常高度选择性的除草剂，如苯氧酸类除草剂与化肥混用时，不仅不产生对作物的危害，而且能提高除草效果。综观各地试验，下述肥料与农药可以混配。

① 除草剂2甲4氯、氟乐灵、苄嘧磺隆、异丙·苄·甲黄隆、丁草胺等可以与尿素或复混肥混用。

② 敌百虫、敌敌畏、辛硫磷等低毒高效低残留的化学农药或生物农药。如除虫菊、茶枯等与肥料混合作基肥兼治地下害虫，防治小象甲、蛴螬、蝼蛄等，每亩用茶枯15～20kg，磨粉，加水沤浸7d，加草木灰50kg拌和，在蔬菜播种或定植前做基肥施用，防治地下害虫效果良好。除虫脲、定虫隆、灭幼脲、噻嗪酮等低毒特异性昆虫生长调节剂配制成水溶液，可与0.5%过磷酸钙、0.2%硝酸铵或尿素、0.2%的磷酸二氢钾混合后，在蔬菜上喷施，兼有杀虫和根外追肥的双重效果。福美双、代森锰锌、百菌清、多菌灵等可用于种子和土壤消毒处理，可与肥料、土壤拌匀作育苗营养

土。氢氧化铜、乙烯菌核利等杀菌剂可与0.2%的尿素混合喷施，兼有杀菌增氮的效果。

③ 植物生长调节剂赤霉素、三十烷醇、复硝酚钠（爱多收）可以与尿素、磷酸二氢钾、硼酸混合喷施。增产灵、ABT生根粉等可与尿素等化肥混用喷施或浸根。

肥料与农药混用时，一定要讲究混用方法。如果化肥和农药都是固体的，并且都施入土壤，可以将二者直接拌在一起，撒施于地表，而后翻耕入土。如果药剂为可湿性粉剂，可先用少量水把肥料表面喷湿，然后加药粉充分拌匀。如果药剂为乳油型或水剂型，可直接倒在肥料上混拌，如太湿可加入少量干细土。如需进行叶面喷施，可将乳油、水剂或可湿性粉剂农药与化肥配成溶液后施用。

2. 不宜混用的情形

（1）肥料之间不宜混施的情形

① 铵态氮肥或粪肥不能与碱性肥料混合，否则易引起氮素挥发损失。因此，凡含有铵态氮的肥料如碳酸氢铵、氯化铵等化学氮肥及腐熟的有机肥，都不能与石灰、草木灰、钙镁磷肥、窑灰钾肥等碱性肥料混合施用。为了中和硫酸铵、氯化铵的生理酸性，可配合施用适量的碱性肥料，但必须分别施用。

② 硝态氮肥不宜和有机肥，特别是未腐熟的有机肥混合，因为有机肥中的五碳糖是硝酸还原细菌的最适养料，会促使硝酸还原。硝酸铵不能与尿素、钙镁磷肥、氯化钾、石灰、草木灰混合。

③ 酰胺态氮肥尿素不能与氰氨化钙、钙镁磷肥、氯化钾、石灰、草木灰混合；氰氨化钙不能与过磷酸钙、重过磷酸钙、钙镁磷肥、人粪尿、堆肥、厩肥混合。

④ 速效磷肥如过磷酸钙、重过磷酸钙等不能与钙镁磷肥、石灰、草木灰等碱性肥料混合，否则会使可溶性磷酸变成弱溶性或难溶性磷酸，降低磷的有效性。但为了中和过磷酸钙中的游离酸，施用前混合少量的草木灰等碱性肥料是可以的。

⑤ 难溶性磷肥如磷矿粉、骨粉等也不能与草木灰等碱性肥料混用。因为难溶性磷肥要靠土壤中的酸及根系分泌的酸溶解，若与

碱性肥料混合，则作物更难吸收。但强酸性土壤可配合施用适量石灰，以调节土壤酸度，促进作物生长，提高肥效。

⑥ 化学肥料不能与细菌性肥料混用，因为化学肥料有较强的腐蚀性、挥发性和吸水性，若与细菌性肥料混合施用，会杀伤或抑制活菌体，使细菌性肥料失效、挥发，降低肥效。

（2）肥料和农药之间不宜混施的情形

① 碱性农药如波尔多液、石硫合剂、松脂合剂等不能与碳酸氢铵、硫酸铵、硝酸铵、氯化铵等铵态氮肥或过磷酸钙混合，否则易产生氨挥发或产生沉淀，从而降低肥效。

② 碱性肥料如氨水、石灰、草木灰不能与敌百虫、乐果、速灭威、硫菌灵、井冈霉素、多菌灵、叶蝉散等农药混合使用，因为多数有机磷农药在碱性条件下易发生分解失效。

③ 化肥不能与微生物农药混合，因为化肥挥发性、腐蚀性强，若与微生物农药如杀螟杆菌、青虫菌等混用，易杀死微生物，降低防治效果。

④ 含砷的农药不能与钾盐、钠盐等混合使用，例如砷酸钙、砷酸铝等若与钾盐、钠盐混合，则会产生可溶性砷，从而发生药害。在所有的肥药混合使用中，以化肥与除草剂混合最多，杀虫剂次之，而杀菌剂较少。

第二章 大量元素肥料使用技术

碳酸氢铵（ammonium bicarbonate）

碳酸氢铵，又名重碳酸铵、碳铵、面肥和气肥等。氮素形态是铵离子（NH_4^+），属于铵态氮肥。含氮量为17%左右，是氮肥中含氮量最低的化肥。碳酸氢铵是无（硫）酸根氮肥，其三个组分（NH_3、H_2O、CO_2）都是作物的养分，不含有害的中间产物和最终分解产物，长期施用不影响土质，是最安全的氮肥品种之一。碳酸氢铵解离出的铵离子较其他氮肥解离的铵更易被土粒吸持，当其施入土后就不易随下渗水淋失，淋失量仅及其他氮肥的1/10～1/3，施用后的挥发量并不比其他氮肥高。

分子式和分子量 NH_4HCO_3，79.06

质量标准 执行国家强制性标准GB 3559—2001（适用于由氨水吸收二氧化碳所制得的碳酸氢铵）。

施用方法 碳酸氢铵施用时应注意掌握不离土、不离水的施肥原则。把碳酸氢铵深施覆土，使其不离开水土，这样有利于土粒对肥料铵的吸附保持，持久不断地对作物供肥。深施的方法包括作基肥铺底深施、全层深施、分层深施，也可作追肥沟施和穴施。其中，结合耕耙作业将碳酸氢铵作基肥深施，较方便而省工，肥效较高而稳定。

（1）旱地基肥　每亩用碳酸氢铵 30～50kg，占全生育期氮素总用量的 50%～60%。旱地作物如小麦和玉米的基肥，可结合拖拉机和畜力耕地进行，将碳酸氢铵均匀地撒在地面，随即翻耕入土，做到随撒随翻，耙细盖严；或在耕地时撒入犁沟内，一面施，一面由下一犁的犁垡覆盖，俗称“犁沟溜地”。施用深度要大于 6cm（砂质土壤可更深些），且施入后要立即覆土，并及时浇水。研究证明，碳酸氢铵深施覆土可以提高肥效，深施 6～10cm 严密覆土比浅施的增产 5%左右。

（2）旱地追肥　常用开沟深施或开穴深施。

① 开沟深施　凡是条播作物，可在离作物 6～10cm 的行间开 6cm 左右深的沟，每亩用 10～15kg 碳酸氢铵施在沟内，施后立即覆土。

② 开穴深施　凡是点播作物，可在穴旁或植株旁开穴、戳洞，然后把碳酸氢铵施入穴（洞）中，立即盖土，每亩施用量 15kg 左右。

干旱季节追肥后应立即浇水，肥效才能发挥。

（3）稻田基肥　每亩用碳酸氢铵 30～40kg，占全生育期氮素总用量的 50%左右。施用时要保持 3cm 以下的浅水层，但不能过浅，否则容易伤根。稻田在施肥前先犁翻土地，使碳酸氢铵撒在已经犁翻的毛糙湿润土面上，再将它翻入土层，立即灌水，耕细耙平，再播种或插秧；水耕时，先在田面灌一薄层水，再把碳酸氢铵施入，耕翻、耙平后插秧。

（4）稻田面肥　过去习惯在稻田耕耙之后施入碳酸氢铵，然后用拖板拉平插秧。但大部分肥料都集中在表土氧化层里，易转化成硝态氮而淋溶损失。正确的方法为在犁田或耙田后灌 3～4cm 浅水，每亩用碳酸氢铵 10～20kg，撒施后再耙 1～2 遍，拖板拉平随即插秧。这样能使碳酸氢铵较均匀地分布在约 7cm 深的土层里，既起到面肥作用，又能减少肥料损失。

（5）稻田追肥　施肥前先把稻田中的水排掉，每亩用碳酸氢铵 30～40kg 撒施后，结合中耕除草进行耘田，使碳酸氢铵均匀地分布在7～10cm的土层里。

也可于水稻中后期，用干、细的黏土按5∶1的土肥比拌和均匀，撒施到稻田，并结合脚踩中耕，使其与表层泥混合，可以减少其挥发损失。

还可以与泥土混合制成球肥深施，一般用40kg碳酸氢铵加60kg黏土制100kg球肥，相当于每亩的施肥量。用手或压球机制成球状，每球重20～50g，施用时每四穴稻苗间塞一肥球，直播田每20cm距离插一球，隔行插，插球深度6～7cm。用1∶1的碳酸氢铵和过磷酸钙加黏土制球深施，较等量过磷酸钙作底肥、碳酸氢铵作追肥表施增产16.6%。插球深度以6cm为宜，过浅会因肥料接近地表氧化层而增加养分损失，过深时肥效慢容易引起后期贪青。追肥的时期一般应早于表施。北方地区水稻生育期较短，气候冷凉，单独使用碳酸氢铵制球深施，易引起水稻贪青晚熟。因此，提倡制作氮磷混合球肥，配方为碳酸氢铵20kg、过磷酸钙20～30kg、黏土50～60kg。

注意事项 碳酸氢铵容易溶解于水，属于生理中性肥料，适合施用在各种土壤和作物上。但是碳酸氢铵容易分解，放出刺激性氨味，施用时要注意以下几点。

① 碳酸氢铵是铵态氮肥，不能与碱性肥料如草木灰、石灰、人粪尿（腐熟后呈碱性）等混合施用或同时施用，以防止氨气挥发，造成氮素损失。

② 碳酸氢铵适宜用作基肥和追肥，施用后应立即覆土，以防分解太快，肥效降低。切忌在土壤表面撒施，以防氨气挥发，造成氮素损失或熏伤作物。无论是作基肥还是作追肥，都不要在刚下雨后或者在露水未干前撒施。

③ 大棚内尽量少用或不用碳酸氢铵。因为大棚内空气流动较差，碳酸氢铵放出的氨气容易积累，氨气浓度过高容易对大棚内的蔬菜或水果产生危害。

④ 不适宜用作叶面追肥，也不宜作种肥。因为碳酸氢铵具有较强的刺激性和腐蚀性，分解时释放出来的氨气对种子的种皮和胚

有腐蚀作用，影响种子发芽。挥发出的氨气对作物叶面也有腐蚀作用，所以碳酸氢铵不宜作叶面施肥。如果一定要做种肥，每亩用量不能超过10kg，且肥料与种子的水平距离不能少于6cm，肥料与种子的垂直距离不能少于10cm。

⑤ 土壤干旱或墒情不足时，不宜施用。

⑥ 施用时勿与作物种子、根、茎、叶接触，以免灼伤植物。

⑦ 应避开高温季节和高温时期施用。尽量将其在气温低于20℃的季节施用，作基肥或深施，一天中则尽量在早、晚气温较低时施用，可明显减少施用时的分解挥发，提高肥效。

⑧ 碳酸氢铵极易分解，其分解速度受温度和含水量的影响。当温度达到30℃，就大量分解，尤其是有水分存在时分解更快，针对碳酸氢铵容易挥发损失的特点，可采取如下措施防止。

a. 密封塑料袋包装，搬运时要防止塑料袋破损，破损应立即补好。施用时宜用一袋拆一袋，剩余部分要及时把袋口扎紧，千万不要贮存在各种敞开的盛器内。

b. 贮存时放在阴凉干燥处，切忌在太阳下暴晒。

c. 施用时尽量减少与空气的接触时间，无论作基肥或追肥，都要注意盖土保肥。

d. 用前与过磷酸钙拌和，可利用过磷酸钙中的游离酸来达到保氮的目的。

氯化铵（ammonium chloride）

氯化铵，又叫氯铵，含氮量在24%～26%，是一种速效氮肥，氮素形态是铵离子（NH_4^+），属于铵态氮肥。氯化铵施用后因作物对NH_4^+的吸收较多，将有Cl^-残留土壤，故氯化铵也是一种生理酸性氮肥。

分子式和分子量 NH_4Cl，53.49

质量标准 执行国家推荐性标准GB/T 2946—2008。氯化铵产品分为工业级和农业用两类，通常农业用氯化铵也简称氯化铵。

施用方法 氯化铵可以作基肥、追肥，不宜作种肥。

① 氯化铵用在水田中肥效更为显著，不会像施用硫酸铵那样产生硫化氢而引起水稻黑根腐烂。因为氯离子对硝化细菌有抑制作用，可减少氮素淋失，而且氯离子易随水排走，不会有过多的残留，水稻吸收少量的氯将有利于抗病和抗倒伏。

② 其他作物如小麦、大麦、玉米、油菜、高粱和部分蔬菜，对土壤中的氯离子有较高的忍受力，其肥效与施用等氮量的硫酸铵、碳酸氢铵、尿素相当或稍优。亚麻、大麻等麻类、棉花等纤维类作物特别适合施用氯化铵，因为氯化铵中的氯对提高纤维产量和品质有良好的作用。

③ 氯化铵适宜作基肥和追肥。但是不论是作基肥，还是作追肥，都应控制其用量，以防止氯离子浓度过高而影响作物对水分和养分的吸收。一般除了对氯离子敏感的作物外，其他土壤和作物，一季每亩基肥施用量为 20～40kg；作追肥每亩施用量为 10～20kg，但要掌握少量多次的原则。氯化铵作基肥时应适当早施，以便借雨水、灌溉水预先把氯离子淋洗掉。

④ 氯化铵也要求深施，且覆土，这样有利于土壤吸附保肥，提高氮的利用率。一般作基肥要深施 10cm，并及时浇水，以便将肥料中的氯离子淋洗至土壤下层，减少对作物的不利影响；作追肥时，要掌握少量多次的原则，要距离植株 5～6cm 远处穴施或沟施于 7cm 深的土层中，施后立即覆土。

稻田追肥，可在叶面无水时撒施于稻株行间，并结合耘田将肥料压入泥中，7d 内不要排水。

注意事项 氯化铵属于含氯的肥料，而氯离子是造成盐碱地的主要原因之一，因此在施用氯化铵时，应特别注意以下事项。

① 干旱少雨的地区、盐碱土壤最好不施用或尽量少用氯化铵，以防止加重土壤盐害。

② 氯化铵含氯 66.3%，带入土壤中的氯是作物必需的一种营养元素，但若过量，对作物将有一定影响，故禁止将氯化铵施用在忌氯作物上，如烟草不能用氯化铵，茶树、葡萄、马铃薯、甘薯、

甘蔗、西瓜、甜菜等作物尤其在幼苗时也要控制氯化铵的用量。

③ 氯化铵不宜作种肥，更不能将氯化铵作拌种肥，因为种子附近过量的氯离子对种子有害，影响种子发芽。

④ 氯化铵是生理酸性肥料，应避免与碱性肥料混用。一般用在中性土壤和碱性土壤上，酸性土壤应谨慎施用，氯化铵施入土壤后，所产生的氯化物或盐，对土壤盐基的淋溶和酸化土壤的影响都比硫酸铵大，故在酸性土壤中施用氯化铵，需配合施用石灰（但不能同时混施，以免引起氨的挥发损失）或者有机肥。

⑤ 不宜在同一田块上连续大量施用氯化铵，提倡和其他氮肥配施。在含 Cl^- 较多的盐土要避免或慎用氯化铵。

⑥ 氯化铵与尿素混合施用好，既避免了因氯化铵施用量过高而发生烧苗现象，又可提高尿素的肥效。

硫酸铵(ammonium sulfate)

硫酸铵，又称硫铵、肥田粉，含有氮、硫两种植物所需的营养元素，含氮理论值为 21.1%，实际含氮 20%～21%，含硫 24%，也是一种重要的硫肥，对于缺硫作物，施用效果非常明显。氮素形态是铵离子（NH_4^+），属于生理酸性、铵态氮肥。硫酸铵性质稳定，是施用最早的氮肥品种之一，可作为标准氮肥。硫酸铵可作基肥和种肥，适用于各种作物。因其物理性状好，特别适于作种肥，但用量不宜过大。

分子式和分子量　$(NH_4)_2SO_4$，132.141

质量标准　执行国家强制性标准 GB 535—1995/XG 1—2003。

施用方法　硫酸铵除还原性很强的土壤外，适用于在各种土壤和各类作物上施用，可作基肥、追肥和种肥。

（1）作基肥　硫酸铵作基肥时，不论旱地或水田宜结合耕作进行深施，以利保肥和作物吸收利用，减少氮素损失。在干旱地区用作基肥的效果常大于追肥，一般每亩用量 30～50kg。水稻秧田一般用量为 20～30kg。

（2）作追肥　应根据不同土壤类型确定硫酸铵的追施用量。一般每亩施追肥 15～25kg。对保水保肥性能差的土壤，要分期追肥，每次用量不宜过多；对保水保肥性能好的土壤，可适当减少次数、增加每次用量。

土壤水分多少也对肥效有较大的影响。土壤干旱时，施用硫酸铵时一定要注意适时浇水，最好采用湿施法，一般对水 40～80 倍，幼苗要对水 100～150 倍，开沟挖穴集中浇施。稻田施用硫酸铵还应在适当时期排水晒田，将水放干或使水层保持 1.5cm，在施肥后 6～7d 内不要放水，以防养分损失。最好在施肥后耙一次，使肥料与土壤充分混合。因为硫酸铵中的硫酸根在淹水条件下易形成硫化氢，硫化氢对稻根会有毒害作用。

此外，不同作物施用硫酸铵时也存在明显的差异，如用于果树时，可开沟条施、环施或穴施。在石灰性和碱性土壤上施用时不要撒在地表，要开沟挖穴施入，深施覆土。

（3）作种肥　硫酸铵对种子发芽没有不良影响，可用作种肥，但用量不宜多，基肥施足，可以不施种肥。

小麦种肥，每亩用硫酸铵 2.5～5kg，但麦种和硫酸铵都必须是干的，先与干细土混匀，随拌随播，肥料用量大时应采用沟施。

水稻秧头肥，每亩用硫酸铵 2～3kg，如遇低温寒潮，必须保持浅水层，以免伤苗。用作水稻浸秧根，每亩秧田用硫酸铵 1kg，对水 50～60L，溶化后把秧苗根部浸在肥水里约半小时，即可插秧。

条播作物，可以先开沟条施肥料，然后播种。

注意事项

① 硫酸铵在石灰性土壤中与碳酸钙起作用生成氨气易逸失；在酸性土壤中，如果硫酸铵施在水田通气较好的表层，铵态氮易经硝化作用而转化成硝态氮，转入深层后因缺氧又经反硝化作用，生成氮气和氧化氮气逸失到空气中。所以无论在旱地和水田，硫酸铵都要深施。

② 硫酸铵长期施用会在土壤中残留较多的硫酸根离子（SO_4^{2-}），

与 H^+ 结合时，使土壤变酸，所以称为生理酸性肥料。长期施用，硫酸根在酸性土壤中会使其增加酸度，pH 下降，因此在南方酸性土壤上施用时应注意配合施用石灰、草木灰或磷矿粉、钙镁磷肥等，但要注意硫酸铵和石灰不能混施，以防硫酸铵分解，造成氮素损失，一般两者配合施用要相隔 3～5d；在北方石灰性土壤上施用，为防止土壤中的钙离子与硫酸根结合生成难溶性的硫酸钙（石膏），引起土壤板结，应注意配合施用有机肥料。

③ 硫酸铵在施用过程中，不宜与碱性物质或碱性肥料接触或混用，以免降低肥效。

④ 硫酸铵除含有氮外，还含有 24%左右的硫。硫也是作物必需养分，特别对于喜硫作物，如茶树、油菜、豆科作物和大蒜等百合科作物等有特殊的营养效果。但对于水稻，在淹水条件下，硫酸根会被还原成有害物质硫化氢（H_2S），如浓度过高，易引起稻根变黑，影响根系吸收养分，所以应结合排水晒田措施，改善通气条件，防止产生黑根。

⑤ 硫酸铵对任何土壤和作物都有较稳定的肥效，但不宜大量连续和单一施用，而应与其他氮肥品种搭配施用。在与碳酸氢铵配合施用时，以碳酸氢铵作基肥，硫酸铵作追肥为好，可扬其所长，抑其所短，提高肥效。

尿素(urea)

尿素，其氮素形态是酰胺基（$—CONH_2$），属酰胺态氮肥，别名碳酰二胺、碳酰胺、脲。其全氮含量在氮肥中最高（46%），是硝酸铵的 1.4 倍，硫酸铵的 2.2 倍，碳酸氢铵的 2.7 倍；由于尿素属于生理中性肥料，施用于土壤后，没有任何残留物。

分子式和分子量 $CO(NH_2)_2$，60.055

质量标准 执行国家强制性标准 GB 2440—2001。

施用方法 尿素适于作基肥和追肥，有时也用作种肥。

（1）种肥 尿素一般不作种肥或秧头肥，因为掌握不好，高浓度的尿素会破坏蛋白质结构，使蛋白质变性，转变成铵态氨，也可能由于浓度高而产生氨毒害，影响种子发芽和幼根生长。如果一定要作种肥施用，则需与种子分开，尿素用量也不宜多。如粮食作物，每亩用尿素 5kg 左右，须先和干细土混匀，施在种子斜下方 3～6cm，或侧旁 10cm 左右。春小麦最好采用 48 行播种机，隔行播种，隔行播肥，种和肥相隔 7.5cm，用此法每亩施肥可以增加 15～20kg，也不致烧籽烧苗，增产效果显著。如果基肥施足，可不用施种肥。

（2）基肥　作基肥时，以粮食作物为例，一般亩用尿素 10～15kg。

① 旱地基肥　可撒施田面，随即耕耙；春播地温低，如果尿素集中条施其用量不宜过大，否则易引起土壤局部碱化或缩二脲增多，造成烧种。

② 水田基肥　可把水排干后撒施，然后翻犁，5～7d 待尿素转变为碳酸铵，再灌水耙田。也可以在耕后耙前维持浅水施入，再用拖拉机旋耕，使尿素与泥浆均匀混合。尿素作面肥，每亩用量 7～8kg，在移栽水稻前均匀施入，在耙田过程中要保留水层不能随便放水。

（3）追肥　尿素最适宜作追肥，一般每亩用尿素 10～15kg。

① 旱地追肥　可采用沟施或穴施，深度 7～10cm，施肥后覆土盖严，防止水解后氨的挥发。在小麦地上也可土表撒施，随即浇水，第一周内肥料向下层移动，以后因水分蒸发作用，肥料又向上层移动，大部分集中在 10～15cm 土层内，不至于引起氮素挥发损失。每亩灌水量，壤土地以 20～30m^3 为宜，砂壤土或砂土以 15～20m^3 为宜。

② 水田追肥　主要在分蘖期或拔节期施用，水田施用尿素时应注意不要灌水过多，要先排水，保持薄水层，每亩用尿素 10kg 左右，施后除草耘田，使尿素充分与土壤混合，减少尿素流失，2～3d 内不要灌水，待大部分尿素转化为碳酸铵后再灌水耙田。砂土地上漏水漏肥较严重，每次施肥量不宜过多。

由于尿素在土壤中的转化过程需要3～5d，所以尿素追肥应适当提前几天进行。

(4) 叶面施肥　尿素是一种中性有机态氮，电离度小，分子体积也小，溶解度大，易被作物吸收利用，扩散速度比铵离子和硝酸根离子快，进入作物体内后，能迅速参与作物的氮代谢。尿素具有一定的吸湿性，喷施液水分蒸发而残留在叶面的尿素，仍能重新吸湿而溶解，因而利用率较高。尿素水溶液呈中性，而且性质稳定，可与多种农药混合喷施，既提供养分，又能防治病虫，提高工效，故适宜于作叶面追肥。

尿素叶面施肥，在作物的各生育阶段都可以进行，但一般都在植株对地面的覆盖度达到70%以后开始使用。生产上主要用于作物吸收养分能力衰退的中后期，以及作物根系养分受到阻碍的情况下，将尿素和水配成一定浓度的肥料溶液，用喷雾器进行叶面喷施。

尿素喷施的浓度，因作物种类、生育期、气候等而异，一般喷施尿素的浓度为0.2%～2.0%，用喷雾器进行喷洒，每亩喷洒溶液30～50kg。大豆、小麦、玉米等大田作物的适宜浓度较宽，可为0.5%～5.0%，常用1.0%左右，生长不良及幼苗期时可适当降低，大路蔬菜类较大田作物适宜浓度低，桑、茶、果树和温室蔬菜应再低一些，一般用0.5%～1.0%。喷洒时间要选在晴天，最好喷后2～3d内不下雨，必要时可以喷两三次，每次间隔7～10d。部分作物喷施尿素的适宜时期及浓度如表1。

表1　部分作物喷施尿素的适宜时期及浓度

作物种类	喷施时期	喷施浓度/%
水稻	乳熟期	1～2
麦类	拔节至孕穗期	1～2
玉米	授粉后	1
棉花	生长中、后期喷2～3次，每隔5～7d喷1次	1～2
葡萄	新梢生长期、坐果期各喷1次	0.2～0.4
柑橘	春梢生长期、幼果期、坐果期各喷1次	0.5～1

续表

作物种类	喷施时期	喷施浓度/%
西瓜	苗期、每批瓜采后，喷2～3次	1
甘薯	收获前40～50d，每隔10～15d喷1次，防早衰	1
茶树	新芽萌发到1叶1芽时，每隔7d喷1次，连喷2～4次	0.3～0.5
桑树	采叶前15～20d，每隔4～5d喷1次，连喷3～4次	0.5
叶菜类	苗期	0.4
蔬菜	生长中、后期	1

此外，在用其他肥料作叶面施肥时，如能适当加入些尿素，则可提高其他养分的利用效率。因此，作叶面施肥时，尿素可以结合化学除草、药剂治虫以及和其他肥料（如磷肥、钾肥、微量元素肥料等）配合施用，效果更佳。但是，尿素用作叶面施肥时，要求其缩二脲的含量不超过1%。此外，尿素以晴天早晨有露水时或傍晚喷肥效果较好。

注意事项

① 不能地表撒施，要防止尿素随地表径流或随水流失。如果尿素撒施在地表，正常情况下要经过4～5d转化，然后才能被作物吸收，大部分氮素在铵化过程中被挥发掉，利用率只有30%左右，并且在碱性土壤表面撒施，氮素的损失更多，因此氮素不能地表撒施，要深施、覆土。试验证明，尿素施在10cm深土层处，氨就不会扩散到地表而挥发损失。在水田追肥时，追肥后6～7d内，不要排水。

② 不要和碳铵混用。因尿素施入土壤后，要先转化成铵态氮或硝态氮后才能被作物吸收，并且在碱性条件下其转化速度要比在酸性条件下慢得多。碳铵属于碱性肥料，施入土壤后呈碱性反应，pH值为8.2～8.4。因此，土壤中碳铵和尿素混用，会大大降低尿素的转化速度，减少尿素的肥效，得不偿失。

③ 施用后切忌马上浇水。尿素是酰胺态氮肥，必须要经过一

段时间（2～10d）的转化才能被作物吸收利用。因此如果施用后立马浇水，尿素会溶于水而流失。

④ 要防止尿素发生硝化和反硝化作用损失氮素。在旱田要通过适当的耕作管理措施，使土壤的水气状态适宜；在水田烤田前的3～5d不宜施肥。

⑤ 尿素相对分子质量小，水溶液呈中性，容易被农作物叶片吸收，常常被用作根外追肥，但应注意控制喷施浓度。

⑥ 在施用尿素时，注意随用随开袋，袋内如果还有未用完的尿素，应立即扎紧袋口，以防化成水，在炎热高温和多雨的季节应特别注意。

⑦ 当缩二脲含量高于1%时，不可用作根外追肥。尿素用于瓜、菜苗期时，尤应注意防止缩二脲的毒害。作物盛花时不能进行根外追肥，以免影响作物授粉，降低产量。喷施用的溶液浓度一定要按不同作物需要配制，不能过浓，以防产生肥害。部分作物用了含缩二脲高的尿素后的受害症状见表2。

表2　部分作物的受害症状

水稻	秧田作面肥会影响出苗。已经长出的秧苗在第二叶生出时可出现白化现象，第三叶片及其叶鞘的全部或局部发白，最后叶片失水，纵向卷缩枯死，白化秧苗在秧板上呈零星斑驳或条状分布
冬小麦	用含超标缩二脲（5.7%～8.3%）的尿素作基肥，出苗仅30%～50%，单株白叶数可占总叶片数的60%左右，新根数只占总根数的40%
棉花	受害棉株心叶迟迟不能抽出，其他叶片边缘出现棕褐色斑块或小褐色斑点。整张叶片逐渐纵向皱缩，严重的最后枯死、脱落
西瓜	中毒的西瓜藤蔓细而短，叶片小，仅为正常西瓜的一半左右，叶色淡黄，生长缓慢，叶片边缘出现褐色斑块，很难开花、结瓜，严重的枯萎死亡
胡桑	叶片畸形，叶片边缘约有1cm宽的淡黄色圈，整张叶片向上向内卷缩成瓢或漏斗状

作物受缩二脲危害后的补救措施因作物而异。对于水稻，在发现受害后需立即换水，勤排勤灌，如此排灌2～3次后基本能消除

毒害，而后再看苗追施复混肥，以促进秧苗生长；对于小麦和棉花，受害轻的可立即灌水，使缩二脲向下淋失，以降低浓度，受害严重的田块浇灌后，应及时改种其他作物；对受害严重的西瓜，需及时灌水排毒或耕耙分散毒性，然后改种其他作物；受害的胡桑，灌水已难根治，必须将肥料从土中扒出撒施在桑园中，分散稀释才能消除毒害，然后喷施 0.2%磷酸二氢钾以促使其恢复生机。

⑧ 不宜盲目加大尿素用量。近年来，随着设施栽培和苗木中施用尿素的普及，大田作物尿素施用量的增加，以及将尿素在施用前的化学稳定性，推理为施用入土后也能保持其稳定性的认识误区，使尿素施用后在一定条件下引起肥害的实例有增无减。通常这类受害作物的肥害症状与氨中毒相似，大多为植株的幼嫩部分（幼叶、幼根）受到灼伤，甚至引起幼苗死亡，在苗床、秧田和设施下更为明显。盛夏高温季节或设施下表面施用时，将加剧这种肥害。因此，必须控制尿素用量（包括复混肥中的尿素），深施入土并覆以薄土，水田作基肥时应与耕层水土拌和，作追肥时控制用量并结合灌水。设施下应强调提前施入土中和注意通风。

⑨ 早春低温季节施用尿素需提前 1 周左右施下。尿素与铵态氮、硝态氮不一样，是一种酰胺态氮，需在土壤微生物分泌的脲酶作用下转化为铵离子后，才能被作物大量吸收。这个转化过程与土壤温度有密切关系，当土壤温度在 30℃时，转化过程快，只需 2～3d，而当土壤温度为 10℃时，则需 7～10d 才能全部转为铵态氮。因此，在低温季节施用尿素，其肥效常比碳酸氢铵来得慢，一般要迟 4～5d。

过磷酸钙（superphosphate）

过磷酸钙，又叫普通过磷酸钙、过磷酸石灰、过石灰等，简称普钙，有效磷含量差异很大，一般为 12%～21%。该品种的磷肥是我国生产、销售和施用量最大的一种化学磷肥，也是最早的磷肥，是由磷矿粉用硫酸处理制成的磷酸一钙的一水结晶

[$Ca(H_2PO_4)_2 \cdot H_2O$]和40%～50%硫酸钙（又称石膏，分子式$CaSO_4$）的混合物。目前普钙已逐渐被磷酸铵和重过磷酸钙等高浓度磷肥取代。

分子式和分子量 $Ca(H_2PO_4)_2$，234.05

质量标准 执行国家标准GB 20413—2006。

施用方法 过磷酸钙是一种速效水溶性磷肥，主要作基肥，也可作追肥、种肥、根外追肥施用，对农作物的增产增收有明显的效果，适用于各种土壤。无论施于何种土壤，均会发生磷的固定作用，因此提高过磷酸钙施用效果的关键是既要减少肥料与土壤颗粒的接触，避免和减少水溶性磷肥的化学固定，又要尽量将磷肥集中施用于根系密集的土层，增加肥料与根系接触，以利吸收，一般可采取以下措施。

(1) 作基肥

① 对缺少速效磷的土壤，每亩施用量可在50kg左右，耕地之前撒施一半，结合耕地作基肥。播种前，再均匀撒施另一半，结合整地浅施入土，做到分层施磷。这样，过磷酸钙的肥料效果就比较好，其有效成分的利用率也高。

② 如与有机肥混合作基肥时，过磷酸钙的每亩施用量应在20～25kg。

③ 旱地作基肥施用时，采用开沟或开穴的集中施肥法，将肥料集中施于作物根系附近，减少土壤对磷的固定，有利根系对磷的吸收。

④ 在稻田施用时，最好作秧田肥或用10%的草木灰中和酸性后蘸秧根，随蘸随插。

(2) 拌种 过磷酸钙作种肥也是一种经济有效的施肥方法。可以把过磷酸钙与优质腐熟的粪肥混合拌种，也可以单独拌种施用，但不能直接作种肥，因它所含的游离酸会伤害作物的幼根和幼芽。作种肥时，过磷酸钙每亩用量应控制在10kg左右。单独拌种时应先用10%的草木灰或5%的石灰石粉中和酸性，拌种后立即播种。但有些小磷肥厂用各种来源的废酸处理磷矿粉生产的过磷酸钙产品，因废酸中可能含有某些有害元素或化合物，如汞、苯、三氯乙醛等，凡是含有这类有害物质的过磷酸钙均不宜作种肥。

(3) 作追肥　每亩的用量可控制在20～30kg，一定要早施、深施，施到根系密集土层处。否则，过磷酸钙的效果就会不佳。

(4) 叶面追肥　作物生育后期，根系吸肥能力减弱，采用叶面喷施过磷酸钙溶液弥补磷素不足也是一种经济有效的施磷方法。后期叶面喷施磷肥能增加水稻、小麦的千粒重，棉花的百铃重和果树的坐果率。

叶面喷施过磷酸钙溶液的浓度，单子叶作物以及果树为1%～3%，双子叶作物（如棉花、油菜、番茄、黄瓜）以0.5%～1.0%为宜，保护地栽培的蔬菜和花卉，喷施的浓度一般低于露地，为0.5%左右。对不同生育期，一般掌握前期浓度小于中后期，每亩用液量为50～100kg。

喷施时间宜在早晨无露水时或傍晚前后进行，以利于叶面吸收。配制肥液时，先将过磷酸钙制成浓度较高的母液，放置澄清，然后取上层清亮的母液，加水稀释到所需浓度后备用。母液底层的沉淀主要为硫酸钙，也含有少量不溶于水的磷酸盐，可作基肥或倒入有机肥中混用。

(5) 与有机肥料混合施用　过磷酸钙与有机肥料混合施用后，可以减少磷肥与土壤的接触面积，尤其是有机胶体对土壤中的三氧化物的包被，可以减少水溶性磷的化学固定作用；同时，有机肥在分解过程中产生的多种有机酸，能络合土壤中的钙、铁、铝等离子，从而减少这些离子对磷的化学沉淀作用；此外，过磷酸钙与有机酸混合堆腐还兼有保氮作用。在酸性土壤上施用石灰时，不能与过磷酸钙直接混合，应先施用石灰，数天后，再施用过磷酸钙。

(6) 与氮肥配合施用　过磷酸钙与尿素、硝酸铵等氮肥配合施用，可提高肥效。适宜的氮磷比例是提高磷肥增产效果的前提。在缺磷又缺氮的低产土壤上，氮肥与磷肥配合施用，可以互相促进。在土壤有效氮比较丰富，有效磷相对偏低，即氮磷比例失调的土壤上，配合施用磷肥的效果更为突出。氮磷肥配合的比例因土壤和作物种类不同而异，一般禾谷类作物适宜的氮磷比例为 2∶1 或1∶1，豆科作物为 1∶1.5 或 1∶2 左右。

氮肥对过磷酸钙肥效的促进作用与氮肥施用方法、氮肥形态等有关。如氮、磷肥料混合施用比分别施用肥效高，铵态氮肥配合过磷酸钙施用比硝态氮肥效果好。

(7) 制造颗粒状磷肥　过磷酸钙可以单独做成颗粒，也可以与腐熟有机肥混合后制成有机无机颗粒肥，以减少其表面积，减少与土壤的接触机会，对于固磷能力强的土壤，与施用粉状磷肥相比，可明显提高其肥效。颗粒磷肥的粒径以 3～5mm 为好。但对固磷能力小的土壤，或对根系发达、吸磷能力强的作物，制造颗粒磷肥的实际意义不大。

注意事项

① 过磷酸钙具有腐蚀性和吸湿性。不要将过磷酸钙放在铁器和铝器等金属制品中，防止发生磷的退化现象。

② 过磷酸钙主要用在缺磷的地块，以利于发挥磷肥的增产潜力。

③ 过磷酸钙拌麦种要注意方法。在缺磷土壤中，为了获得小麦高产，采用磷肥拌种不失为一种增产措施，但不宜直接拌种，否则播后不出苗，有的虽能出苗，但植株畸形，叶卷曲，生长点萎缩或死亡。

过磷酸钙直接拌种引起烧种、伤苗的原因一是游离酸的危害，因为过磷酸钙中约含有 5%游离酸，有的土法生产的过磷酸钙，其含酸量甚至超过 10%，这些酸能使萌动的种子或刚长出的幼根、幼芽中的蛋白质变性，致使伤根、烧芽，造成不出苗甚至死苗；二是三氯乙醛的危害，当过磷酸钙中三氯乙醛含量超过 200mg/kg 或根际浓度超过 0.5mg/kg 时，就能使大豆、玉米产生危害。

为避免直接拌种的危害，应采取两条预防措施：一是过磷酸钙先与 5～10 倍干燥腐熟的有机肥料粉末拌匀后，再与浸湿的种子拌和，这样可减少它们直接接触的机会；二是对含有三氯乙醛的过磷酸钙切勿作种肥使用。

④ 过磷酸钙氨化时不可随意增加氮肥数量。过磷酸钙氨化，就是在过磷酸钙中加入一定数量的碳酸氢铵，使磷肥中的游离酸得到中和，从而降低吸湿性、结块性、腐蚀性，减少磷的退化，并增加一些氮素养分，使其成为物理性状较好的氮磷复混肥料。

一般而言，如以过磷酸钙含游离酸3.5%～5%计算，100kg过磷酸钙氨化所需的碳酸氢铵约为5～6kg。但有些农户误认为过磷酸钙加碳酸氢铵能变成既含磷又含氮的氮磷复混肥，所以任意增加氮肥用量，甚至100kg过磷酸钙把碳酸氢铵用量提高到20～30kg，远远超过了计算用量，致使过磷酸钙中的有效磷含量降低，造成事与愿违的不良后果。因此，一定要严格控制用量，不可随意增加氮肥数量。

⑤ 我国南方的土壤多呈酸性，北方土壤多呈碱性。过磷酸钙适宜施于石灰性土壤；不适宜施用在南方红壤、砖红壤等酸性土壤中；不能与碱性肥料混合施用，以防酸碱中和降低肥效。

⑥ 施用要适量，对于土壤含磷丰富的田块，可以停施或一年左右不施，如果连年大量施用过磷酸钙，则会降低磷肥的效果。在稻田中过量施用还会引起水稻缺锌。在花期作根外追肥喷施时，切忌喷在花上，以免影响授粉。

⑦ 使用时过磷酸钙要碾碎过筛，否则会影响均匀度并会影响到肥料的效果。

⑧ 过磷酸钙不可长期存放，以免引起结块和退化。

⑨ 生产过磷酸钙的厂家必须杜绝用三氯乙醛废酸生产磷肥。这是因为施用含三氯乙醛或三氯乙酸的过磷酸钙后，能使庄稼形成病态肿瘤组织，植株严重变形，根系变褐色，新生根很少，产量降低，甚至造成植株死亡。小麦是对三氯乙醛很敏感的作物之一，严重时颗粒无收。防止用三氯乙醛废酸生产磷肥，应注意如下几点。

a. 把好硫酸进厂关，不要用含三氯乙醛的硫酸生产磷肥。

b. 把好磷肥出厂关，对用废酸等原料生产的磷肥及三氯乙醛等有毒物质超过安全标准的“带毒”磷肥，不能出厂。

c. 把好磷肥施用关，对含三氯乙醛的磷肥，可施前与有机肥混合堆腐20～40d，这样既可促进三氯乙醛等含量降低，又能保持磷肥的肥效。堆腐时加入少量碳酸氢铵、草木灰或拌少量土壤，对降解三氯乙醛等有害物质均有一定作用。

重过磷酸钙(triple superphosphate)

重过磷酸钙，别名重钙、三倍过磷酸钙、三料过磷酸钙，俗称"三料钙"。含有效磷（P_2O_5）40%～50%，是一种高浓度磷肥，其有效磷含量是普通过磷酸钙的2～3倍，它不含石膏，含4%～8%的游离酸。重过磷酸钙约占我国目前磷肥总产量的1.3%，是由硫酸处理磷矿粉制得磷酸，再以磷酸和磷矿粉反应而制得。属微酸性速效磷肥，是使用的浓度最高的单一水溶性磷肥。

分子式和分子量 $Ca(H_2PO_4)_2 \cdot CaHPO_4$，370.11

质量标准 执行国家强制性标准GB 21634—2008（适用于湿法或热法磷酸处理磷矿粉制成的农业用粉状或粒状重过磷酸钙）。

施用方法 重过磷酸钙易溶于水，为酸性速效磷肥。由于这种肥料施入土壤后，固定比较强烈，故目前世界上生产量和使用量都比较少。

其施用方法和有关施用技术与普通过磷酸钙相同，只是重过磷酸钙含磷量高，用量要比普钙减少一半，一般每亩用10～12kg。重过磷酸钙适用于各种土壤和各类作物，只要用法得当，均有明显的增产效果。可作基肥、追肥和复合（混）肥原料，广泛适用于水稻、小麦、玉米、高粱、棉花、瓜果、蔬菜等各种粮食作物和经济作物。肥效高，适应性强，具有改良碱性土壤的作用。主要供给植物磷元素和钙元素等，促进植物发芽、根系生长、植株发育、分枝、结实及成熟。

作种肥时更应注意它的酸性对种子的危害，同时施用量应相对减少。另外，由于不含石膏，对于需硫较多的作物，如十字花科的油菜、豆科作物等的肥效不及等量磷的普通过磷酸钙。因此，对于缺硫的土壤，应选用普通过磷酸钙而不用重过磷酸钙。由于其酸性较强，在施用前几天，最好先在地里施用适量的石灰。

注意事项

① 重过磷酸钙可能含有少量游离磷酸，具有腐蚀性。在贮藏和运输过程中避免与金属制品直接接触，防止金属被腐蚀，磷肥有效成分退化。

② 重过磷酸钙呈酸性，适宜用作基肥和追肥。因含磷量较高，不宜作种肥，也不宜用来拌种或蘸秧根。

③ 重过磷酸钙适合施用在中性及石灰性的微碱性土壤上，不适于酸性土壤，以防止土壤的进一步酸化。

④ 重过磷酸钙应首先施在缺磷低产地块上，这样才有利于提高肥效。不合理地连年大量施用重过磷酸钙，会降低其肥效，在稻田中还会引起水稻缺锌。

⑤ 重过磷酸钙含磷高，便于运输和贮存，用到交通不便的地区，经济效益更好。

钙镁磷肥(calcium magnesium phosphate)

钙镁磷肥，是由磷矿石与适量的含镁硅矿石如蛇纹石、白云石、橄榄石和硅石等，在高温下熔融，经水淬冷却后而制成的玻璃状碎粒，再经球磨而制成的细粉，因此它又被称为熔融含镁磷肥，简称熔融磷肥，是目前我国磷肥的主要品种之一。其主要成分是高温型的磷酸三钙和正硅酸钙，是一种含有磷酸根（PO_4^{3-}）的硅铝酸盐玻璃体，无明确的分子式与分子量。钙镁磷肥不仅提供低浓度磷，还能提供大量的硅、钙、镁。钙镁磷肥占我国目前磷肥总产量的17%左右，仅次于过磷酸钙。它广泛地适用于各种作物和缺磷的酸性土壤，特别适用于南方钙镁淋溶较严重的酸性红壤土，最适合于作基肥深施。钙镁磷肥施入土壤后，其中磷只能被弱酸溶解，要经过一定的转化过程，才能被作物利用，所以肥效较慢，属缓效肥料。一般要结合深耕，将肥料均匀施入土壤，使它与土层混合，以利于土壤酸对它的溶解，并利于作物对它的吸收。

钙镁磷肥含有效磷（P_2O_5）12%～20%，还含有氧化钙25%～30%、氧化铁15%～18%、氧化镁10%～15%、二氧化硅25%～40%，同时还含有少量的铝、锰等盐类。

分子式 $Ca_3(PO_4)_2$ 和 Ca_2SiO_4

质量标准 执行国家强制性标准GB 20412—2006。

施用方法 钙镁磷肥除供应磷素营养以外，对酸性土壤兼有供给钙、镁、硅等元素的能力。由于在酸性土壤中，酸可以促进钙镁磷肥中磷酸盐的溶解，同时，土壤对该肥料中磷的固定能力低于过磷酸钙，因此，钙镁磷肥最适于在酸性土壤上施用，特别是缺磷的酸性土，其肥效与等量磷的过磷酸钙相似，甚至更高；在石灰性土壤上施用，其肥效不如过磷酸钙，但后效较长。

(1) 作基肥及早施用 钙镁磷肥是枸溶性的，其肥效较水溶性磷肥慢，属缓效肥料。其中磷只能被弱酸溶解，在土壤中要经过较长时间的溶解和转化，才能供作物根系吸收。因此，钙镁磷肥宜作基肥，且应提早施用，一般不作追肥施用。每亩用量为15～25kg，施用时宜将大部分施于10～15cm这一根系密集的土层，也可采用1年30～40kg、隔年施用的方法。旱地可开沟或开穴施用，水田可在耙田时撒施。

(2) 宜作种肥和蘸秧根 钙镁磷肥的物理性质良好，适宜作种肥，每亩用量5～10kg，拌种施入种沟或穴内。

对南方缺磷的酸性水田，可于插秧前每亩用10～15kg调成泥浆蘸秧根，随蘸随插，一般比不蘸秧根的增产10%以上。

(3) 与有机肥料混合或堆沤后施用 为了提高钙镁磷肥的肥效，可将其预先和10倍以上的优质猪粪、牛粪、厩肥等共同堆沤1～2个月后施用，可以提高其肥效。与水溶性磷肥、氮肥和钾肥等肥料配合施用，可以提高肥效。可作基肥或种肥，也可用来蘸秧根。

注意事项

① 钙镁磷肥与普钙、氮肥配合、分开施用，效果比较好，但

不能与它们直接混施。

② 钙镁磷肥通常不能与酸性肥料混合施用，否则会降低肥料的效果。

③ 钙镁磷肥的用量要合适，一般每亩用量要控制在 15～25kg 之间。过多地施用钙镁磷肥，其肥效不仅不会递增而且会出现报酬递减的问题。钙镁磷肥后效较长，通常亩施钙镁磷肥 35～40kg 时，可隔年施用。

④ 钙镁磷肥最适合于对枸溶性磷吸收能力强的作物，如油菜、萝卜，蚕豆、豌豆等豆科作物和瓜类等作物。对生长期短、生长较快及根系有限的作物来说，施用钙镁磷肥的效果不好。水稻田缺硅时，施用钙镁磷肥效果也好。

⑤ 钙镁磷肥不溶于水，只溶于弱酸，为了增加其肥效，一般要求有 80%～90%的肥料颗粒能通过 80 目筛孔。一般颗粒愈小，肥效愈高；但颗粒愈小，成本愈高。我国南方酸性土壤对钙镁磷肥溶解能力较强，肥料颗粒可稍大一些；而北方石灰性土壤的溶解能力较弱，肥料的颗粒则要求更细一些。

⑥ 钙镁磷肥应注意施用深度，且用量应大于水溶性磷肥。钙镁磷肥在土壤中的移动性小，应施在根系密集的地方，以利于吸收。

肥料级磷酸氢钙（fertilizer grade dicalcium phosphate）

磷酸氢钙，又叫沉淀磷肥、沉淀磷酸钙或磷酸二钙，简称“沉钙”，有些地方也称其为“白肥”。肥料行业用作肥料，养殖行业将其用做饲料。磷酸氢钙是磷酸一钙的二水结晶。磷酸氢钙含有效磷（P_2O_5）18%～30%，呈灰黄色或灰黑色的粉末。它属于枸溶性磷肥。

分子式和分子量 $CaHPO_4 \cdot 2H_2O$，172.09

质量标准 执行化工行业推荐性标准 HG/T 3275—1999。

施用方法 磷酸氢钙适用于作基肥和种肥，对各种作物均有增产作用，施于缺磷的酸性土壤，其肥效优于过磷酸钙，与钙镁磷肥相当；在石灰性土壤上的肥效略低于过磷酸钙，其施用方法与钙镁磷肥相似。磷酸氢钙应早施、集中施，与氮肥配合施用。因不含游离酸，故可作种肥。

注意事项 该磷肥属于弱酸溶性磷肥，因此一般不施用于北方的石灰性土壤，而是将其施用于南方的酸性土壤上，因此该磷肥的销售市场主要位于我国的长江以南地区，如果在长江以北，特别是黄河以北的广大石灰性土壤地区，农资市场上存在该磷肥的销售，建议肥料用户谨慎购买。

钙镁磷钾肥（calcium magnesium potassium phosphate）

钙镁磷钾肥，又称含钾钙镁磷肥，为磷矿石、钾长石（或含钾矿石）与含镁、硅的矿石，在高炉或电炉中经1400℃高温熔融、水淬、干燥和磨细所得。钙镁磷钾肥系磷肥系列产品，可作肥料和土壤调理剂。

质量标准 执行化工行业标准HG 2598—1994。

施用方法 主要用作基肥。不溶于水溶弱酸，适应缺钙酸性田。用前最好要堆沤，提高肥效获高产。

磷矿粉（phosphate rock powder）

磷矿粉，是由磷灰石或磷块岩等经机械加工，直接粉碎、磨细而成。自然界的磷酸盐矿物有200余种，但95%以上为磷灰石矿物，且主要是氟磷灰石。由于矿源不同，所含全磷和有效磷差异较大，一般全磷含量在10%～25%，其中磷主要以氟磷灰石、羟基磷灰石等形态存在，而含枸溶性磷只有1%～5%。外观为白色或棕褐色、形状似土的粉末，为中性或微碱性肥料。

分子式 $3Ca_3(PO_4)_2 \cdot CaR_2$

施用方法 磷矿粉宜作基肥，不宜作追肥和种肥。磷矿粉的施用方法与过磷酸钙不同。磷矿粉作基肥时，以撒施、深施为好，而且要与土壤混合均匀，以增加磷矿粉与土壤的接触面，提高肥效。磷矿粉的用量在一定程度上与其肥效成正相关，而它的用量又取决于全磷量及可给性，一般每亩用量 40～100kg。

将磷矿粉和酸性肥料或生理酸性肥料混合施用，可提高磷矿粉肥效。

以磷矿粉垫圈。定期定量地给牛圈、猪栏、马棚垫入磷矿粉，让粪尿吸收，畜蹄踩踏，使畜粪尿与磷矿粉混融，可以显著提高磷矿粉的有效性。其机理在于：粪尿在腐烂分解过程中所产生的碳酸和多种有机酸，可以使磷矿粉中的磷得以有效化。方法是：将磷矿粉堆放在畜舍内，每天垫圈时同垫料一起均匀撒在圈内，加入量约为畜肥的 3%～4%（即每 1000kg 厩肥中撒 30～40kg 磷矿粉），磷矿粉中的磷，既不会挥发，也不会烧腐畜蹄，安全可靠。圈肥起出后，堆成长 3m、宽 1.5m、高 1.5m 的方形堆。以泥封抹后腐熟 20～30d，可进一步提高磷肥的有效性。

与氮肥配合施用。磷矿粉与氮肥配合施用，因满足了作物生育所需的氮素营养，作物生长健壮，增强了吸收利用磷矿粉肥中磷素的能力，从而能提高磷矿粉的肥效。

与有机肥料混合堆沤。将磷矿粉与厩肥、堆肥、垃圾肥、绿肥、草塘泥等有机肥料混合堆沤，同以其垫圈堆沤一样可以有效地提高磷矿粉的有效性。一般每 1000kg 有机肥料中加入磷矿粉 60～80kg，堆沤时过于缺水，可加水润湿，然后封泥密闭。而有机肥料发酵后再混合磷矿粉肥施用，则不能增加磷矿粉肥的效果。

磷矿粉可与普钙配合施用。普钙作种肥，可提供作物苗期对水溶性磷的迫切需要。而磷矿粉作基肥，又可以供给根系发达的作物，或者是对难溶性磷吸收力强的作物的后期吸收，这样可显著提高磷矿粉的增产效果。

注意事项 磷矿粉需要以粉末状施用，细度以 100 目为宜，这样磷矿粉与土壤和作物根系的接触面积大，有利于磷的释放。磷矿粉含有效磷低，施用量要大，对于一般情况来说，大约每亩 40～

60kg，随着有效磷含量的高低可酌情增减。

当季作物对磷矿粉的利用率一般很少超过10%。磷在土壤中不易移动，连续施用数年后，可造成土壤中磷素的大量积累，而且在酸性土壤中残留的磷矿粉可逐渐有效化，因此磷矿粉的后效较长，在连续施用4～5年后可停施一段时间再用。

氯化钾(potassium chloride)

氯化钾，含K_2O 50%～60%，是高浓度的速效性钾肥，也是用量最多、使用范围较广的钾肥品种。一般来说，氯化钾肥料很少是化工合成的，主要以光卤石（含有KCl、$MgCl \cdot 2H_2O$）、钾石盐（KCl、NaCl）和苦卤（含有KCl、NaCl、$MgSO_4$和$MgCl_2$ 4种主要盐类）为原料制成。由于不同的盐湖矿所含的杂质不同，例如氯化钠、氯化镁、氯化钙、氯化铁等，提纯氯化钾后的颜色也不相同，有的为砖红色，有的为灰白色或暗灰色或浅黄色。

分子式和分子量 KCl，74.55

质量标准 执行国家强制性标准GB 6549—2011（代替GB 6549—1996）

施用方法 氯化钾适宜作基肥或早期追肥，但不宜作种肥和根外追肥，因为氯化钾肥料中含有大量的氯离子，会影响种子的发芽和幼苗的生长。氯化钾适用于水稻、麦类、玉米，特别适用于麻类作物，因为氯对提高纤维含量、质量有良好的作用。

（1）作基肥 通常要在播种前10～15d，结合耕地将氯化钾撒施入土壤中，主要是为了把氯离子从土壤中淋洗掉。也可以结合播种条施或穴施。水稻田可以面施，用量为每亩10～15kg。

（2）作追肥 可掺5～6倍干细土，撒施、条施均可。一般质量的土地，每亩的施用量控制在7.5～10kg之间。对于保肥、保水能力比较差的砂性土，则要遵循少量多次施用的原则。也可以配成1%～2%的氯化钾水溶液喷施，喷液量为每亩50～100kg。作追肥时，一般要把握苗长大后再施的原则。

氯化钾无论用作基肥还是用作追肥，都应提早施用，以利于通过雨水或利用灌溉水，将氯离子淋洗至土壤下层，清除或减轻氯离子对作物的危害。

注意事项

① 氯化钾肥料中含有氯离子，而氯离子是盐分的重要组成成分之一。因此该肥料不适合施用于盐碱地，以免增加土壤中的盐分含量，盐碱害加重。

② 氯化钾不宜施用在忌氯作物上。忌氯作物包括烟草、甘薯、马铃薯、甜菜、茶树、柑橘、葡萄、甘蔗等。特别是双氯化肥，即氯化钾和氯化铵同时施用，更要避免在忌氯作物和盐碱地上施用，其他作物在苗期时也要少用。如烟草施用氯化钾时，烟叶吸收氯离子后不易燃烧，影响品质。

③ 氯化钾一般不用作叶面追肥。

④ 氯化钾易溶于水，为生理酸性肥料，但生理酸性表现不如硫酸钾强，尽管如此，在酸性土壤上如大量施用，也会由于酸度增强而促使土壤中游离的铁、铝离子增加，对作物产生毒害，所以在酸性土壤中长期施用氯化钾，也要与农家肥或石灰配合施用，以降低土壤酸性。

⑤ 在石灰性土壤中，氯离子与土壤中钙离子结合，生成氯化钙（$CaCl_2$）。氯化钙易溶于水，在灌溉或降雨季节会随水排走，不会对土壤结构产生不利影响。

⑥ 在我国南方施用更适宜，南方多雨、排灌频繁的情况下，氯化钾残留的氯、钠、镁大部分被淋失，不至于引起对土壤的危害。这些地区长期施用盐湖钾肥，与进口的等养分氯化钾肥效相当，但物理性状不太好，杂质多，施用时要防止黏附、灼伤叶片。

⑦ 氯化钾与氮肥、磷肥配合施用，可以更好地发挥其肥效。

⑧ 砂性土壤施用氯化钾时，要配合施用有机肥。

⑨ 旱地应注意施到湿润土层，因湿润土层干湿度变化小，可减少钾的固定。

硫酸钾（potassium sulfate）

硫酸钾，含 K_2O 50%～54%，易溶于水，是速效性肥料。它吸湿性小，贮存运输方便。硫酸钾为化学中性、生理酸性肥料，为高浓度的速效钾肥，不含氯离子，货源少，价格较高，重点用在烟草、葡萄等忌氯经济作物上，是不可缺少的重要肥料，也是优质氮磷钾三元复合肥的主要原料。一般来说，硫酸钾都是化工合成的。

分子式和分子量　K_2SO_4，174.27

质量标准　农业用硫酸钾的质量应符合国家标准，代号为 GB 20406—2006。该标准同时进行了有关修改，自 2007 年 2 月 8 日起实施（适用于各种工艺生产的固体农业用硫酸钾）

施用方法　硫酸钾广泛适用于各类土壤和各种作物，特别是对氯敏感和喜硫的作物。一般用于旱地，不用于水田。可作基肥、追肥、种肥及根外追肥。

（1）作基肥　旱田用硫酸钾作基肥时，一定要深施覆土，以减少钾的晶体固定，并利于作物根系吸收，提高利用率。

（2）作追肥　由于钾在土壤中移动性较小，应集中条施或穴施到根系较密集的土层，以促进吸收，用量为每亩 10～20kg。砂性土壤常缺钾，宜先作基肥，后作追肥，用量为每亩 15～25kg。块根、块茎作物可适当增加用量，并合理深施。施后入土层 5～10cm 深，施后覆土。

（3）作种肥　作种肥亩用量 1.5～2.5kg，作硫酸钾养分含量很高，不能直接接触种子，以免烧伤。试验表明，硫酸钾与种子混播，小麦每亩施 5kg 的烧苗率为 5%；每亩施 10kg 硫酸钾时，烧苗率高达 28%～30%，出苗晚 1～4d。硫酸钾作种肥施用时应距离种子 3～5cm 远。

（4）作根外追肥　一般用在作物生长盛期或在生长中、后期植株表现缺钾时，喷施浓度要控制在 0.5%～2%的范围内。其在主要作物上的施用技术见表 3。

表 3　硫酸钾作叶面喷施的施用技术

作物	喷施时期	喷施浓度
水稻	幼穗分化期、始穗期、齐穗至灌浆期喷施中、上部叶片	1%
麦类	幼穗分化期、孕穗期至齐穗期喷施	1%
葡萄	浆果膨大期	0.5%
瓜类蔬菜	全生育期喷 3～5 次，每次间隔 7～10d	0.5%
根茎类蔬菜	全生育期喷 3～4 次，每次间隔 7～10d	0.5%～1%
薯类	收获前 40～45d 喷 2～3 次，每次间隔 10d	1%～2%
烟草	现蕾前 10d 开始喷，连续 2～3 次，每次间隔 10d	1%～1.2%

注意事项

① 硫酸钾的销售价格高于氯化钾，因此应将硫酸钾优先施用到忌氯作物上，如烟草、甘蔗、茶树、柑橘、甜菜、果树、西瓜和马铃薯等，不但能提高产量，还能改善品质。

② 对十字花科作物和大蒜等需硫较多的作物，效果较好，应优先使用。

③ 硫酸钾是生理酸性肥料，在酸性土壤中，若长期施用，多余的硫酸根会使土壤酸性加重，甚至加剧土壤中活性铝、铁对作物的毒害。在酸性土壤上施用硫酸钾，必须配施石灰或与钙镁磷肥混合施用，不但可以减少酸性，还可以提高磷肥的肥效。

④ 在石灰性土壤中，硫酸根与土壤中钙离子生成不易溶解的硫酸钙（石膏）。硫酸钙过多会造成土壤板结，此时应重视增施农家肥。

⑤ 硫酸钾在砂性土壤上最好少量多次施用，或者与有机肥配合施用，以减少养分损失。

⑥ 硫酸钾必须和氮、磷肥料配合施用，才能充分发挥其肥效。施用硫酸钾不要贴近作物根部，也不要施在茎秆和叶子上。

⑦ 土壤在通气不良的情况下，硫酸根离子能被还原成硫化氢（H_2S）有毒物，影响作物根系的吸收活力。因此在一般情况下，水田作物，如水稻、藕等适合施用氯化钾，不要用硫酸钾。

钾镁肥(potassic-magnesian fertilizer)

钾镁肥，是制盐工业的副产品，又称卤渣或“高温盐”。它是在浓缩苦卤过程中利用盐类溶解度的不同而分离出来的，在126℃时结晶的盐类。含有较多的硫酸钾、硫酸镁和一定数量的食盐，一般含K_2SO_4 33%、$MgSO_4$ 28.7%、NaCl 30%。钾镁肥易溶于水，吸湿性强，易潮解，因此，包装和长途运输时应注意。

分子式 $K_2SO_4 \cdot MgSO_4$

施用方法 钾镁肥可作基肥或追肥施用，但不宜作种肥，因为含有较多的食盐。钾镁肥作基肥时，最好与有机肥料共同堆沤后再施用或混合施用，每亩用量以15～25kg为宜。

由于钾和镁均为作物必需的营养元素，镁参与叶绿素的构成和光合作用，还能促进葡萄糖和磷酸化合物的形成与分解，缺镁会使作物发育推迟，因此，对在不同程度上需要钾素和镁素营养的南方广大地区红壤发育的酸性水稻土而言，施用钾镁肥具有特殊的意义。在酸性红、黄壤上以及烂泥田、砂性土中施用钾镁肥的效果较好，特别是在施肥水平低、土壤交换性钾、镁含量少的土壤，增产效果更为显著。实践表明，钾镁肥比单施钾肥或镁肥均有所增产。

注意事项

① 忌氯作物如烟草、马铃薯、甘蔗、茶树等不能施用钾镁肥，因为钾镁肥中含有较多的氯离子，会对上述作物的产量和品质造成不良影响。

② 利用苦卤制造的钾镁肥，食盐含量很高，不宜大量施用，以免影响作物正常生长和破坏土壤结构。

③ 碱性土壤和含盐分较高的土壤不宜施用钾镁肥，以免加重盐害。

④ 钾镁肥是以钾、镁养分为主的肥料，只有在施用氮、磷化肥的基础上，才能显示它的增产效果。

⑤ 钾镁肥宜与其他钾肥交替使用，以防止钠离子在土壤中过

量积累。

硫酸钾镁肥（potassium magnesium of sulphate fertilizer）

硫酸钾镁肥，是从盐湖卤水或固体钾镁盐矿中仅经物理方法提取或直接除去杂质制成的一种含镁、硫等中量元素的化合态钾肥。它是一种多元素钾肥，除含钾、硫、镁外，还含有钙、硅、硼、铁、锌等元素，呈弱碱性，特别适合酸性土壤施用。硫酸钾镁肥适用于任何作物，尤其适用于各种经济作物，既可作基肥、追肥，也可作叶面喷肥，还可以作为复合肥、BB 肥的钾肥原料使用，适用于水稻、玉米、甘蔗、花生、烟草、马铃薯、甜菜、水果、蔬菜、苜蓿等农作物。与等钾量（K_2O）的单质钾肥氯化钾、硫酸钾相比，农用硫酸钾镁的施用效果优于氯化钾，略优于硫酸钾。由于硫酸钾镁肥能够有效地提高农作物产量、改善农作物品质，因而在发达国家中硫酸钾镁肥推广得比较好。目前，硫酸钾镁肥在世界范围内已被广泛应用。

分子式　$K_2SO_4 \cdot (MgSO_4)_m \cdot nH_2O$，其中 $m=1\sim2$；$n=0\sim6$

质量标准　执行推荐性国家标准 GB/T 20937—2007（适用于从盐湖卤水或固体钾镁盐矿中仅经物理方法提取或直接除去杂质制成的含镁、硫等中量元素的硫酸钾镁肥产品，不适用于用硫酸钾和镁化合物掺混而成的产品）。

施用方法　硫酸钾镁肥适合在各种作物上作基肥或追肥，也可单独施用或与其他肥料混合施用。菠菜、白菜、油菜、生菜、茼蒿等作基肥 15～20kg/亩，叶片大而肥厚，叶色油绿，有光泽，配合氮肥施用；番茄、青椒、茄子等作基肥 20～25kg/亩，坐果率高，色泽鲜艳，口感好，贮存期长，大棚适量增加用量；菜豆、豇豆、扁豆等作基肥 25～30kg/亩，提高坐荚率、荚肥鲜嫩，早开花，早结果，病虫害明显减少，硫元素有利于豆类蛋白质及油的形成；萝卜、芥菜、生姜、大蒜等作基肥 20～25kg/亩，成熟期提前，果实个大，预防黑根病，镁及硫的存在能增强气味性，使胡萝卜素含量增加；葱、莴笋、芹菜等叶茎类，作基肥15～20kg/亩，增加叶绿素含量，叶茎鲜嫩，好贮存，味更强。

近年来，我国高强度的耕作以及单一的氮、磷、钾肥施用，造成了土壤中的中、微量元素持续耗竭，特别是镁的缺乏。钙、硫等可以通过施用过磷酸钙、硫酸铵等予以补充，而镁除了钙镁磷肥外，补充途径十分有限。因此，在我国许多地区，缺镁已经是普遍现象，这种现象在南方部分地区尤为明显。因此，硫酸钾镁肥特别适合在南方红黄壤地区施用。

钾钙肥(potash-lime fertilizer)

钾钙肥，一种以钾和钙为主要养分的多元素碱性肥料。将钾长石（含钾页岩）和石灰石、煤，或钾长石（含钾页岩）和石膏、石灰、石、煤，按一定比例混合均匀磨碎，制成球状，进行1200℃高温煅烧后再研磨成粉而得。大都采用石灰石方法生产钾钙肥。

分子式 K_2O（4%～6%），CaO（25%～40%），SiO_2（25%～40%），MgO（2%～4%）

施用方法 钾钙肥作基肥和早期追肥的效果较好，每亩施用量以50～100kg（折合氧化钾2～4kg）的经济效益较高。同时，适当深施比浅施好，分蔸点施比分散施用好。钾钙肥适用于多种作物，一般能促进作物生长发育，增强抗病、抗倒伏能力，有利于提高产量和改进品质，对提高氮、磷肥料的肥效也有一定作用。钾钙肥增产幅度较大的主要原因如下。

① 能提高土壤中有效钾和硅的含量。

② 能有效地促进厚壁细胞的木质化，增加茎秆及叶片的韧性，提高植株抗倒、抗病、防病的能力。

③ 能加速土壤有机质的分解，增强土壤对作物所需养分的供给能力。

④ 具有中和土壤酸性的能力，在酸性土壤上施用效果特别好。

⑤ 能提供作物所需的Ca、Mg、S等营养元素，比较平衡地供给作物所需的养分。

注意事项

① 因钾钙肥中含有多量石灰，所以，凡是施用钾钙肥的稻田或旱土，均不宜再施石灰。

② 钾钙肥要与氮、磷等化肥配合施用，才能充分发挥其增产作用，但又必须与氮、磷肥分开施用，因为其碱性较强。

第三章

中、微量元素肥料使用技术

生石灰（limestone）

生石灰，又称烧石灰、氧化钙、苛性石灰、煅烧石灰，主要成分为氧化钙，通常以石灰石、白云石及含碳酸钙丰富的贝壳等为原料，经过煅烧而成。生石灰既是一种最主要的钙肥，也是一种矿物源，无机类杀菌、杀虫剂。

分子式和分子量 CaO，56.077

作肥料施用方法

（1）中和能力强的石灰或同时施用其他碱性肥料时可少施，而施用生理酸性肥料时，石灰用量应适当增加。降水量多的地区用量应多些。撒施，中和整个耕层或结合绿肥压青或稻草还田的可多些。如果石灰施用于局部土壤，用量就要减少。

（2）酸性土壤石灰用量见表4。

表4 酸性土壤的石灰用量 单位：kg/亩

土壤反应	黏土	壤土	砂土
强酸性(pH值4.5～5.0)	150	100	50～75
酸性(pH值5.0～6.0)	75～125	50～75	25～50
微酸性(pH值6.0)	50	25～50	25

由于各种作物对土壤pH值适应性（表5）是不同的，茶树、烟草等少数作物喜欢酸性环境，不需要施用石灰。甘蔗、大麦等耐酸中等或为敏感作物，需要施用石灰。

表5　主要作物最适pH值

对酸性敏感作物		适应中等酸性反应作物		适应酸性反应作物	
pH值6.0～8.0		pH值6.0～6.7		pH值5.0～6.0	
作物	pH值	作物	pH值	作物	pH值
棉花	6.0～8.0	油菜	5.8～6.7	水稻	5.5～6.5
小麦	6.7～7.6	甘蔗	6.2～7.0	茶树	5.2～5.6
大麦	6.8～7.5	甜菜	6.0～7.0	马铃薯	5.0～6.0
大豆	7.0～8.0	豌豆	6.0～7.0	西瓜	5.0～6.0
玉米	6.0～8.0	蚕豆	6.2～7.0	花生	5.0～6.0
紫苜蓿	7.0～8.0			烟草	5.0～5.6
				亚麻	5.0～6.0

（3）石灰可作基肥和追肥，不能作种肥。撒施力求均匀，防止局部土壤过碱或未施到；条播作物可少量条施；番茄、甘蓝等可在定植时少量穴施。

（4）酸性水田施用石灰作基肥，多在整地时施入。种植绿肥的水田作基肥，可在翻地压青时施用，每亩施用石灰25～50kg，可促进绿肥分解，加速养分释放，同时还可以消除绿肥分解时产生的一些有毒物质。如果土壤酸性较强，则每亩需要施用石灰50～100kg，甚至150kg，才能见效。水稻秧田一般亩施15～25kg，大田亩施50～100kg。

（5）石灰用于旱地作物作基肥时，可结合犁地时施入，一般亩施基肥25～50kg，用于改土亩施150～250kg。也可于作物播种或定植时，将少量石灰拌混适量土杂肥，施于播种穴或播种沟内，使作物幼苗期有良好的土壤环境。

作杀菌、杀虫药剂使用

（1）撒施　每亩撒施生石灰100～150kg，用于调节土壤的酸碱度，可防治黄瓜、南瓜、甜（辣）椒、马铃薯、菜豆、扁豆等的白绢病，番茄、茄子、甜（辣）椒、草莓等的青枯病，白菜类、萝卜、甘蓝等的根肿病，胡萝卜细菌性软腐病，姜瘟病，甜瓜枯萎病，豌豆苗茎基腐病（立枯病），马铃薯疮痂病，番茄病毒病。

① 每亩撒施生石灰50～100kg，可防治辣椒疮痂病，菊花白绢病。

② 在菜地翻耕后，每亩撒生石灰25～30kg，并晒土7d，可防治蔬菜跳虫。

③ 每亩施用生石灰50kg，可防治落葵根结线虫病。

④ 在晴天，每亩用生石灰5～7.5kg，撒于株行间呈线状，可防治蛞蝓。

⑤ 在保护地春夏休闲空茬时期，选择近期天气晴好、阳光充足、气温较高的时机，先把保护设施内的土壤翻30～40cm深，并粉碎土块，每亩均匀撒施碎稻草300～500kg及适量生石灰，碎稻草长2～3cm，尽量用粉末状生石灰，再翻地，使碎稻草和生石灰均匀分布于土壤耕层内，起田埂，均匀浇水。待土层湿透后，上铺无破损的透明塑料膜，四周用土压实，然后闭棚膜升温，高温闷棚10～30d，利用太阳能和微生物发酵产生的热量，使土温达到45℃，可大大减轻菌核病、枯萎病、软腐病、根结线虫病、螨类、多种杂草的为害。高温处理后，要防止再传入有害病虫。

（2）穴施　在降雨或浇水前，拔掉病株，用石灰处理病穴。

① 每穴撒施生（消）石灰250g，防治番茄的青枯病、溃疡病，茄子青枯病，马铃薯软腐病，西葫芦软腐病，甜瓜疫病，芹菜软腐病，白菜类的软腐病和根肿病，韭菜白绢病，落葵苗腐病，枸杞根腐病，姜青枯病，胡萝卜细菌性软腐病，魔芋炭疽病，草莓枯萎病。

② 用1份石灰和2份硫黄混匀，制成混合粉，每亩穴施10kg，可防治大葱和洋葱的黑粉病。

③ 每病穴内浇20%石灰水300～500mL，可防治番茄的青枯病、溃疡病，西葫芦软腐病。

（3）涂抹　用2%石灰浆，在入窖前，涂抹山药尾子的切口处，防治腐烂病；辣椒定植后长到筷子粗时，将生石灰加水调成糊状，用刷子直接刷在辣椒茎基部，可大大减少辣椒茎基部病害的发生。

（4）喷雾 每亩用石灰粉 500～900g，对水 50～90kg 稀释后，用清液喷雾，防治琥珀螺、椭圆萝卜螺。

（5）配药 用于配制石硫合剂或波尔多液。

注意事项

① 合理施用 石灰有多方面的功效，但如果石灰施用量过多，也会带来不良的后果，可导致土壤有机质迅速分解，腐殖质积累减少，从而破坏土壤结构。有些亩用量超过 500kg，导致土壤变碱性，影响磷、铁、锰、镁、硼、锌、铜等元素的吸收。所以石灰用量必须适当。正常情况下，生石灰消毒土壤时的用量为每亩不超过 100kg，此外，用之前如果土壤的 pH 超过 7.5，切忌再用生石灰处理土壤。

除施用量适当外，还应注意施用均匀，否则会造成局部土壤石灰过多，影响作物正常生长。沟施、穴施时应避免与种子或植物根系接触。

在野外判断土壤是否呈酸性可通过“三观察”：一是观察野生植物中有无喜酸植物，如果有杜鹃花、毛栗等，就表明土壤是酸性的；二是观察土壤颜色，通常酸性土壤的颜色呈红黄色；三是观察田间水质，如灌溉水混浊，甚至出现锈膜，表明土壤酸性较强。

② 因作物施用 对棉花、小麦、大麦、苜蓿等不耐酸的作物可适当多施，黄瓜、南瓜、甘薯、蚕豆、豌豆等耐酸性中等，要施用适量石灰；番茄、甜菜等耐酸性较差，要重视施用石灰；马铃薯、烟草、茶树、荞麦等耐酸性强作物，可以不施。石灰残效期 2～3 年，一次施用量较多时，不要年年施用。

③ 因土施用 土壤酸性强，活性铝、铁、锰的浓度高，质地黏重，耕作层较深时石灰用量适当多些；相反，耕作层浅薄的砂质土壤，则应减少用量。旱地的用量应高于水田。坡度大的山坡地要适当增加用量。

④ 石灰肥料不能和铵态氮肥、腐熟的有机肥和水溶性磷肥混合施用，以免引起氮的损失和磷的退化，导致肥效降低。

⑤ 与有机肥配合施用要有间隔期　有些农民习惯将生石灰与有机肥等一起撒入土壤，然后翻地给土壤消毒，这种做法是不科学的，因为生石灰容易与发酵好的有机肥起反应，不仅影响有机肥的肥效，还影响了生石灰的杀菌消毒效果。正确的使用方法是先将生石灰撒入地里，深翻地，隔4～7d后再施有机肥。

⑥ 石灰作农药使用时，生石灰含量应在95%以上；在配药及施药过程中，要注意安全防护。

⑦ 石灰处理后注意补菌　生石灰撒入土壤中后起反应时会产生大量的热，能够杀死细菌，此外，反应生成的氢氧化钙是强碱，也能够杀菌，因此用生石灰处理完土壤后，要注意补充有益微生物菌，可在定植前撒施或定植后随水冲施来补充有益菌。

⑧ 妥善保存　给土壤消毒的石灰采用的是生石灰，主要成分是氧化钙，其遇水后能生成氢氧化钙并放出大量的热。很多农民习惯提前用车将生石灰拉来放到露天，等到用时，大部分的生石灰已经起反应变成氢氧化钙了，失去了效果。因此，建议最好是现用现拉或拉来后用塑料薄膜盖好，用时再敞开。

硫酸镁(magnesium sulfate)

硫酸镁，又名硫苦、苦盐、泻利盐、泻盐。

分子式和分子量

七水硫酸镁　　　　一水硫酸镁

$MgSO_4 \cdot 7H_2O$，246.47　　$MgSO_4 \cdot H_2O$，138.38

质量标准　农业用硫酸镁执行国家推荐性标准 GB/T 26568—2011。

施用方法　宜与其他肥料一起配合施用，可作基肥、追肥和叶面肥。硫酸镁宜在碱性土壤施用。

(1) 作基肥、追肥　要在耕地前与其他化肥或有机肥混合撒施或掺土后撒施。作追肥宜早施，采用沟施或对水冲施。每亩硫酸镁的适宜用量为10～13kg，折纯镁为每亩1～1.5kg。一次施足后，可隔几茬作物再施，不必每季作物都施。柑橘等果树一般每株树可施用硫酸镁 250～500g。

（2）叶面喷施　纠正作物缺镁症状效果较快的方法是采用根外追施，但肥效不持久，应连续喷几次。在作物生长前期、中期进行叶面喷施。不同作物及同一作物的不同生育时期要求喷施的浓度往往不同，一般硫酸镁水溶液叶面喷施浓度：果树为 0.5%～1.0%，蔬菜为 0.2%～0.5%，大田作物如水稻、棉花、玉米为 0.3%～0.8%，镁肥溶液喷施量为每亩 50～150kg。

石膏（gypsum）

农用石膏既是肥料又是碱土改良剂。作物需要的 16 种营养元素中，有钙和硫，而石膏的主要成分是硫酸钙，石膏作肥料施入土壤，不仅能提供硫肥，还能提供钙肥，所以它也是一种肥料。由于土壤中钙和硫的来源广泛，相对数量也比其他营养元素多，一般情况下，石膏单独作为肥料施用的不多。当土壤有效硫低于 10mg/kg 时，应施用石膏。在南方丘陵山区的一些冷浸田、烂泥田、返浆田往往缺钙缺硫，施用石膏有明显的增产效果。

石膏有生石膏、熟石膏和含磷石膏三种。

施用方法

（1）改碱施用　在改善土壤钙营养状况上，石膏被视为石灰的“姊妹肥”。在碱性土壤中，钙与磷酸形成不溶性的磷酸钙盐，因此碱性土壤中的钙和磷的有效性一般都很低。我国的干旱、半干旱地区分布很多碱性土壤，土壤溶液中含较多的碳酸钠、碳酸氢钠等盐类，土壤胶体被代换性钠离子饱和，钙离子较少，土壤胶体分散。这类土壤需要施用石膏来中和碱性，调节钠、钙比例。阳离子组成改变后，碱性土的物理结构性也随之改善。所以，石膏对碱性土壤不仅是提供作物钙、硫养分，对于改善土壤性状作用更为重要。

（2）改土施用　一般在 pH9 以上时施用。含碳酸钠的碱性土壤中，每亩施 100～200kg 作基肥，结合灌水深翻入土，石膏后效长，除当年见效外，有时第二年、第三年的效果更好，不必年年施用。如种植绿肥及与农家肥、磷肥配合施用，效果更好。

（3）作为钙、硫营养　一般水田可结合耕作施用或栽秧后撒施、塞秧根，每亩用量5～10kg；蘸秧根每亩用量2.5kg；作基肥或追肥每亩用量5～10kg。旱地基施撒施于土表、再结合翻耕，也可以条施或穴施作基肥，一般用量基施为15～25kg，种肥每亩施4～5kg。花生可在果针入土后15～30d施用石膏，每亩用量为15～25kg。

硫黄（sulfur）

分子式和分子量　S，32.065

质量标准　执行GB/T 2449.1—2014和GB/T 2449.2—2015固体和液体工业硫黄标准。

施用方法　硫黄施用时应尽量与土壤混匀，只能作基肥施用，施用时期应比石膏早。硫黄在土壤中的氧化程度取决于硫黄的粒度、土壤温度、湿度、通气状况和微生物的数量等因素。一般来说，粒度小、土壤温度高、通气状况好，硫黄易转化为硫酸盐。为促进氧化过程，施用时应尽量与土壤混匀，扩大土壤和硫的接触面。

硫黄作基肥撒施，每亩用量为1～2kg；水稻蘸秧根时，每亩用硫黄粉0.5～1kg拌土杂肥调成泥浆蘸秧根，随蘸随插。

硫黄也可以用于改良碱土，其施用方法与石膏相同，只是用量应相应减少，其改土效果与石膏相当。

注意事项　硫黄多为粉状，难溶于水，刺激皮肤，容易着火，不宜加入混肥中。一般用膨润土造粒，在淋溶强度大的土壤中肥效好于干旱区土壤，在十字花科、豆科、鳞茎类蔬菜中肥效好于禾本科蔬菜。

硫酸锌（zinc sulfate）

硫酸锌，又名皓矾、锌矾，有一水硫酸锌和七水硫酸锌，七水硫酸锌含锌22.3%，一水硫酸锌含锌35%，均是目前最常用的锌肥，适用于各种施用方法。

分子式和分子量

七水硫酸锌 一水硫酸锌

$ZnSO_4 \cdot 7H_2O$，287.56 $ZnSO_4 \cdot H_2O$，179.47

质量标准 农业用硫酸锌执行化工行业标准HG 3277—2000（适用于以含锌物料与工业硫酸反应制得的一水硫酸锌和七水硫酸锌，用作微量元素锌肥）。

施用方法

（1）作基肥 玉米、小麦、棉花、油菜、甘薯、大豆、花生等旱地一般每亩用硫酸锌1～2kg，拌干细土10～15kg，经充分混匀后，均匀撒于地表，然后翻耕入土，也可条施或穴施。蔬菜每亩用硫酸锌2～4kg。

水田可作早、中稻的耙面肥，每亩用1～1.5kg硫酸锌，加干细土20～25kg，充分拌匀后撒施，施后耙田插秧，也可与有机肥料或生理酸性肥料混合均匀后再撒施（不能与磷肥混合）。作秧田基肥时，每亩用3kg硫酸锌，于秧田播种前3d均匀撒于秧床面上。

（2）作追肥 追施可将锌肥直接施入土壤，最好集中施用，条施或穴施在根系附近，以利于根系吸收，提高锌肥的利用率。

① 玉米 在苗期至拔节期每亩用硫酸锌1～2kg，拌干细土10～15kg，开行条施或穴施。由于锌肥在土壤中不易移动，应尽量施于根系附近，但不能与根系直接接触。

② 小麦 于小麦返青至拔节期串施于小麦行间，每亩用硫酸锌1～2kg拌细土10～15kg或与尿素掺混，深度5～6cm。

③ 棉花 在苗期条施或穴施，每亩用硫酸锌1kg拌细干土10～15kg。

④ 甘薯 在团棵期穴施，每亩用硫酸锌1kg拌10～15kg细干土。

⑤ 水稻 在分蘖前期（移栽后10～30d内）每亩用硫酸锌1～1.5kg拌干细土后均匀撒于田面；也可作秧田的“送嫁肥”，即在

拔秧前2～3d，每亩用硫酸锌1.5～2.0kg施于床面，移栽带肥秧。

（3）叶面喷施　各类作物、果树、蔬菜均可采用。

① 玉米　在苗期至拔节期用0.1%～0.2%的硫酸锌溶液连续喷施2次，每次间隔7d，每次每亩喷施50～75kg溶液。玉米苗期用硫酸锌水溶液喷雾防治“花白苗”时，不能与磷酸二氢钾或过磷酸钙浸出液混合施用。

② 水稻　以苗期喷施为好，秧田从2～3片叶开始喷施，本田在分蘖期喷施，用0.1%～0.3%的硫酸锌溶液连续喷施2～3次，每次间隔7～10d，每次每亩喷施40～50kg溶液。

③ 小麦　在拔节、孕穗期各用0.2%～0.4%的硫酸锌溶液喷施一次，每次每亩喷液量为50～75kg。

④ 棉花　在苗期、现蕾期，用0.2%硫酸锌水溶液各喷施一次，每次每亩喷液量为50～75kg。

⑤ 油菜　在苗期、抽薹期，用0.1%硫酸锌水溶液各喷施一次，每次每亩喷液量为70kg。

⑥ 大豆、花生　在苗期和开花期，分别用0.1%硫酸锌水溶液各喷施一次，每次每亩用量50～75kg。

⑦ 甘薯　在团棵期用0.2%～0.3%硫酸锌水溶液喷施2次，每次间隔7～10d。

⑧ 果树　在早春萌芽前一个月喷施3%～5%的硫酸锌溶液，萌芽后喷施浓度宜降至1%～2%，或用2%～3%的硫酸锌溶液涂刷一年生枝条1～2次。

⑨ 蔬菜　叶面喷施使用硫酸锌，浓度0.05%～0.1%，蔬菜生长前期喷施的效果较好，每次间隔7d，连续喷施2～3次，每次每亩喷施50～75kg溶液。对于豆科等敏感作物，施用浓度要降低。

（4）浸种　将硫酸锌配成0.02%～0.05%的溶液，将种子倒入溶液中，溶液以淹没种子为度。水稻用0.1%的硫酸锌溶液，先将稻种用清水浸泡1h，再放入硫酸锌溶液中，早、中稻种子浸48h，晚稻种子浸24h。玉米用0.02%～0.05%的硫酸锌溶液浸种6～8h，捞出后即可播种。小麦用0.05%的硫酸锌溶液浸种12h，捞出后即可播种，但需播种地墒情好，否则播种后种子失水影响出苗。

（5）拌种　每千克种子用硫酸锌 2～3g，以少量水溶解，喷于种子上，边喷边搅拌，用水量以能拌匀种子为宜，种子阴干后即可播种。用作蔬菜拌种、包衣、浸种和蘸根等，使用浓度一定要事先做试验，以免伤苗。播种玉米时用硫酸锌作拌种肥，最好把磷肥掺在农家肥中作底肥施入，防止锌肥与磷肥接触。

（6）蘸秧根　一般缺锌田，土壤有效锌含量 0.5～0.7mg/kg，每亩用硫酸锌 200～300g，加干细土配成 0.5%～2.0%的硫酸锌泥浆，将水稻秧苗浸入泥浆中 5～10s，随即插秧。

注意事项　不可与过磷酸钙、重过磷酸钙、磷酸二铵和磷酸二氢钾等磷肥、碱性肥料或农家肥（如草木灰）混施，以免硫酸锌水解为氢氧化锌，影响作物吸收。

硫酸锌作叶面喷施时，浓度不能过高，以免引起作物锌中毒。为提高锌肥效益最好配施钼肥或尿素等肥料。

硼砂（borax）

硼砂，也叫粗硼砂、硼酸钠、焦硼酸钠、十水合四硼酸二钠、四硼酸钠、月石砂，含硼 11.3%，在化学组成上，它是含有 10 个水分子的四硼酸钠（十水）。

分子式和分子量　$Na_2B_4O_7 \cdot 10H_2O$，381.37

质量标准　执行国家强制性标准 GB 537—2009。

施用方法

（1）作基肥　在中度或严重缺硼的土壤上基施效果最好。每亩用 0.5～0.75kg 硼砂，与干细土或有机肥料混匀后开沟条施或穴施，或与氮、磷、钾等肥料混匀后一起基施，但切忌使硼肥直接接触种子（直播）或幼苗（移栽），以免影响发芽、出苗和幼根、幼苗的生长。不宜深翻或撒施，用量不能过大，每亩条施硼砂超过 2.5kg 时，就会降低出苗率，甚至死苗减产。

（2）浸种　浸种宜用硼砂，一般先用40℃的热水将硼砂溶解，再加冷水稀释至浓度为0.01%～0.03%的硼砂溶液，将种子倒入溶液中，浸泡6～8h，种、液比为1∶1，捞出晾干后即可播种。

（3）叶面喷施　用0.1%～0.25%的硼砂溶液，每亩每次喷施40～80kg溶液，6～7d一次，连喷2～3次。苗期浓度略低一些，生长后期略高一些。田间已经出现缺硼症状的，必须尽快喷施2～3次。叶面喷施以下午为好，喷至叶面布满雾滴为度。如果喷后6h内遇雨淋，应重喷一次。

作物不同，喷施时期也不同，棉花应选择苗期、初蕾期、初花期喷施；蚕豆选择蕾期和盛花期；果树选择蕾期、花期、幼果期；大、小麦选择苗期、分蘖期、拔节期；玉米以苗期、拔节期喷施为佳；水稻于孕穗期和开花期各喷1次；油菜在苗后期（花芽分化前后）、抽薹期（薹高15～30cm）、花期各喷1次；甜菜于苗期、繁茂期、块根形成期各喷1次；甘蔗于苗期、分蘖期、伸长期各喷1次；烟草在苗期至旺长期喷施2～3次；芝麻在蕾期、花期各喷1次；向日葵在见盘至开花期喷施2～3次。

蔬菜喷施浓度一般以0.1%～0.2%为宜，番茄在苗期和开花期各喷1次；花椰菜在苗期和莲座期（或结球期）各喷1次；扁豆在苗期和初花期各喷1次；萝卜和胡萝卜在苗期及块根生长期各喷1次；马铃薯在蕾期和初花期各喷1次。每次每亩均为50～80L。其他蔬菜一般都在生长前期喷施效果较好。

（4）作追肥　棉花在蕾期每亩用0.2～0.25kg硼砂，拌干细土10～15kg（或溶于50kg水中），在离棉株6～9cm处开沟或开穴施下，随即盖土。

（5）土施　果树一般采用土施。苹果每株土施硼砂100～150g（视树体大小而异）于树的周围。缺硼板栗，以树冠大小计算，每平方米施硼砂10～20g较为合适，要施在树冠外围须根分布最多的区域。例如幼树冠10m^2，可施硼砂150g；大树根系分布广，要按比例多施些。但施硼量过多，如每平方米树冠超过40g，就会发生肥害。所以一定要掌握好施硼量。其他果树也可采用同样方法施硼。

注意事项 硼砂常用内衬牛皮纸或塑料袋的麻袋包装。在运输和贮存过程中，注意防潮，必须保持干燥和清洁。

硼酸(boric acid)

分子式和分子量 H_3BO_3，61.83

质量标准 硼酸目前尚无农业标准，可参考国家工业推荐性标准GB/T 538—2006。

施用方法

(1) 作基肥 在中度或严重缺硼的土壤上基施效果最好。每亩用0.5～0.75kg硼酸与干细土或有机肥料混匀后开沟条施或穴施，或与氮、磷、钾等肥料混匀后一起基施，但切忌使硼肥直接接触种子（直播）或幼苗（移栽），以免影响发芽、出苗和幼根、幼苗的生长。不宜深翻或撒施，用量不能过大，每亩条施硼酸超过2.5kg时，就会降低出苗率，甚至死苗减产。

(2) 浸种 浸种宜用硼酸，一般先用40℃的热水将硼酸溶解，再加冷水稀释至浓度为0.01%～0.03%的硼酸溶液，将种子倒入溶液中，浸泡6～8h，种、液比为1∶1，捞出晾干后即可播种。

(3) 叶面喷施 用0.1%～0.25%的硼酸溶液，每亩每次喷施40～80kg溶液，6～7d一次，连喷2～3次。苗期浓度略低一些，生长后期略高一些。田间已经出现缺硼症状的，必须尽快喷施2～3次。叶面喷施以下午为好，喷至叶面布满雾滴为度。如果喷后6h内遇雨淋，应重喷一次。

注意事项 应贮存在清洁干燥的库房内，不得露天堆放，应避免雨淋或受潮。不慎溅至眼睛及皮肤时，则用水流冲洗眼睛，用肥皂及水彻底洗涤皮肤。应装在篷车、船舱或带篷的汽车内运输，不应与潮湿物品和其他有色的原料混合堆置，运输工具必须清洁干燥。硼酸对人体有毒，内服影响神经中枢。

钼酸铵(ammonium molybdate)

分子式和分子量　$(NH_4)_6Mo_7O_{24} \cdot 4H_2O$ 或 $3(NH_4)_2O \cdot 7MoO_3 \cdot 4H_2O$，1235.96

质量标准　执行 GB/T 3460—2007（适用于生产仲钼酸铵和生产钼粉、钼制品业用材及其他行业所需钼酸铵）。

施用方法

（1）作基肥　钼肥可以单独施用，也可以与有机肥料或其他化肥混合施用。单独施用，可拌干细土 10kg，搅拌均匀后施用，或撒施耕翻入土，或开沟条施或穴施。基施时用量为每亩施 50～100g，最多不应超过 120g。施钼肥的优点是肥效可以持续 3～4 年，但由于钼肥价格昂贵，一般不采用基施方法。

（2）土壤追肥　在作物生长前期每亩用 10～50g 钼酸铵与常量元素肥料混合条施或穴施，也能取得较好效果，并有后效。因钼肥价格昂贵，一般也不采用土壤追肥。

（3）拌种　拌种适用于吸收溶液量大而快的种子，如豆类。每千克种子用钼酸铵 2～3g，先用少量 40℃热水溶解，再用冷水稀释成 0.2%～0.3%的溶液，将种子放入容器内搅拌，使种子表面均匀沾上肥料，晾干后播种。或将种子摊开在塑料布上，用喷雾器喷施在种子上，边喷边搅拌，溶液不宜过多，拌好后，将种子阴干即可播种。若种子还要进行农药处理，应等种子阴干后进行。拌肥后的种子人畜均不可食用，防止中毒。

（4）浸种　浸种适用于吸收溶液少而慢的种子，如稻谷、棉子、绿肥种子等。用 0.05%～0.1%的钼酸铵溶液，种、液比 1∶1，浸泡不超过 12h，捞出后阴干即可播种。用浸种方法施肥时，土壤墒情要好，否则在土壤很干燥的情况下，会使发芽受到影响，出苗不齐。一般浸种还需结合叶面喷施才能取得良好效果，否则因肥料量太少，增产效果不明显。

（5）叶面喷施　叶面喷施是钼肥最常用的方法。一般在作物生长期内出现缺钼症状时，先用少量温水溶解钼酸铵，再用冷水稀释成0.02%～0.2%溶液，每亩用钼酸铵25g左右，在作物苗期和初花期喷施2～3次，每次每亩喷50～75kg。各种作物喷施时期与喷施浓度见表6。

表6　各种作物喷施钼酸铵的时期与浓度

作物名称	喷施时期	喷施浓度/%
草子	苗期、初花期	0.02～0.03
棉花	花蕾期	0.05
大豆	苗期、初花期	0.05～0.1
蚕豆	苗期、初花期	0.05～0.1
麦类	分蘖末期	0.05～0.1
玉米	拔节期	0.05～0.2
油菜	苗期、薹期	0.1～0.2
西瓜	花蕾期、膨果期	0.2
黄瓜	苗期、幼果期	0.2
番茄	苗期、幼果期	0.2
柑橘	花蕾期、膨果期	0.2
苹果	花蕾期、膨果期	0.2
桑树	春梢萌发开始喷2～3次，每次隔10d左右	0.05

注意事项

① 钼酸铵应先用少量热水溶解后，再配成施用浓度。

② 用于豆科作物时，如与根瘤菌肥配合施用，效果更好。用于麦类、玉米、瓜类、油菜等作物，能配合喷施硼肥、锌肥等则效果也佳。

硫酸锰(manganous sulfate)

硫酸锰，含锰26%～28%。

分子式和分子量　$MnSO_4 \cdot H_2O$，169.02

质量标准　农业用硫酸锰执行国家农业行业标准NY/T 1111—2006（适用于作为肥料使用的、用于补充作物锰营养元素的一水硫酸锰和三水硫酸锰）。

施用方法

（1）作基肥　用硫酸锰作基肥，一般每亩1～2kg，蔬菜基肥亩施2kg，果树基施每株100～200g。掺入干细土10～15kg或与有机肥料混合施用，或与生理酸性肥料混合施用，这样可以减少土壤对锰的固定，有利于提高肥效。

（2）浸种　用0.05%～0.2%的硫酸锰溶液浸种，不超过12h，种、液比例为1∶1。如用0.05%～0.15%的硫酸锰浸种能有效提高马铃薯产量、改善品质；用0.05%的硫酸锰浸苦荞种子，可提高种子发芽势、发芽率和活力指数；小麦用0.05%～0.1%硫酸锰溶液浸种12～24h（或浸泡过夜）捞出晾干即可播种。可在试验基础上同时加入其他药剂浸种，达到一浸多效的目的，捞出阴干即可播种。

（3）拌种　小麦等禾谷类作物拌种，每千克种子用4～8g硫酸锰，拌种前先用少量温水将硫酸锰溶解，然后喷洒到种子上，边喷洒边翻动种子，使种子上均匀地布满肥料溶液，待阴干后即可播种。油料作物一般不用拌种和浸种方法施锰。

（4）叶面喷施　用0.05%～0.1%的硫酸锰溶液，每次每亩用液量为30～50L，以叶片两面均匀喷湿为度，从苗期开始，每隔7～10d喷一次，连续喷施2～3次。一般另加0.15%的熟石灰，以免烧伤植株。

注意事项

① 一般土壤中不缺锰，但泥炭土和有机质含量高的砂土、冲积土、石灰性土壤和过量施用石灰的碱性土壤等容易发生缺锰现象。大麦、小麦、玉米、柑橘、苹果、桃等对缺锰敏感，喷施锰肥常有较好效果。在缺锰土壤上合理施用锰肥，可获得较好的增产效果，如大豆可增产11%，豌豆可增产28%。

② 叶面喷施的溶液浓度不能过高，否则会引起作物叶面灼伤；在炎热天气，特别是中午高温时不宜进行叶面喷施，以免影响授粉或灼伤叶片。

③ 不可与碱性化肥或碱性农药混合施用。

硫酸亚铁(ferrous sulfate)

硫酸亚铁，又称黑矾、绿矾、铁矾、皂矾，含铁16.5%～18.5%，是常用的铁肥。

分子式和分子量 $FeSO_4·7H_2O$，278.01

质量标准 目前尚无农用标准，可参考水处理剂硫酸亚铁国家标准GB 10531—2006（除适于饮用水和工业用水处理外，也可作为铁系水处理剂的生产原料使用）。

施用方法

（1）叶面喷施 果树缺铁可用0.2%～1%的硫酸亚铁溶液在果树叶芽萌发后喷施，每隔10d左右喷施一次，连续2～3次，直至变绿为止，叶片老化后喷施效果较差。若用0.5%～1%的尿素铁溶液或0.1%的黄腐酸铁溶液叶面喷施，则效果优于硫酸亚铁溶液。

禾本科作物缺铁可用3%～4%的硫酸亚铁喷施，一般失绿在苗期喷施一次即可，严重失绿可连续喷2～3次，每次间隔10～15d。溶液应现配现用，在喷液中加入少量的湿润剂，可增加在叶面上的附着力，提高喷施效果。

蔬菜缺铁，叶面喷施0.2%～0.5%的硫酸亚铁，喷施后适量地喷点水，避免烧叶现象，如果浓度超过0.5%易出现药害。

（2）注射法 采用注射器将0.3%～1%的硫酸亚铁溶液快速注射于树干内，然后将输液瓶挂在树上，让树体慢慢吸收，此法见效快，3d后即可见效。

（3）树干埋藏法 本方法只能用于多年生木本作物，如果树、林木等。在树干中部用直径1cm左右的木钻，钻深1～3cm向下倾斜的孔，穿过形成层至木质层，向孔内放置1～2g固体硫酸亚铁，孔口立即用油灰或橡皮泥封固，没有油灰或橡皮泥用黄泥也可，外面再涂一层蜡，以防止雨水渗入、昆虫产卵和病菌滋生。每株树钻1个施肥孔即可。但钻过孔的树干易受病菌感染。

(4) 基施法　每株成龄大树用2～2.5kg硫酸亚铁喷洒在50～100kg有机肥中，充分拌匀后，沿树冠外围挖8～10个穴，施入混合肥，然后覆土，也可沿树冠外围挖环状沟施入。小麦直接用于土壤施肥，每亩施用30kg，可有效补充土壤中的铁含量，防治病虫害、疏松土壤，防止土壤板结、小麦黑穗病，可促进根系发育、抗倒伏、叶绿、体壮，明显增加产量，小麦每亩可增产60～80kg，尤其适用于碱性土壤，增产效果更加明显。由于硫酸亚铁与有机肥料混施，可以减少土壤对铁的固定，提高肥效。

注意事项

① 本品可与中、酸性农药混合使用，在喷洒时可加入0.1%的中性洗衣粉，效果更好。

② 果树在果实期，蔬菜在幼苗期，不要直接喷洒。

③ 喷施应避开烈日高温天气，宜在清晨或下午4点以后进行。

④ 产品常用内衬塑料袋的编织袋包装，贮存于低温、干燥库房中，应同时注意包装的密闭，防止风化。贮存时间过久，易氧化成高价态铁而变成黄色。在运输过程中要防潮防湿，着火时，可用水和灭火器扑救。

硫酸铜(copper sulfate)

硫酸铜，又称胆矾、蓝矾、铜矾，含铜25%～35%，硫酸铜可以用于杀灭真菌。与石灰水混合后生成波尔多液，用于控制柠檬、葡萄等作物上的真菌。稀溶液用于水族馆中灭菌以及除去蜗牛。由于铜离子对鱼有毒，用量必须严格控制。大多数真菌只需非常低浓度的硫酸铜就可被杀灭。硫酸铜也可用来控制大肠杆菌。硫酸铜水溶液有强力的杀菌作用，农业上主要用于防治果树、麦芽、马铃薯、水稻等多种病害，效果良好，但对锈病、白粉病作用差。同时，对植物产生药害，仅在对铜离子药害忍耐力强的作物上或休眠期的果树上使用。硫酸铜是一种预防性杀菌剂，需在发病前使用，也可用于稻田、池塘除藻。是一种微量元素肥料，是常用的铜肥。

分子式和分子量 $CuSO_4 \cdot 5H_2O$，249.7

质量标准 执行国家标准 GB 437—2009［硫酸铜（农用）］（适用于含 5 个结晶水的硫酸铜及其生产中产生的杂质组成的硫酸铜）。

施用方法 可用作基肥、叶面喷施和种子处理等，还可用作杀菌剂。撒施时必须耕入土中，施匀才能有较好效果。不宜与大量营养元素肥料同时混施，以免降低肥效。

（1）作基肥 每亩施用硫酸铜 1.0～1.5kg，与 10～15kg 干细土混合均匀后，撒施、条施或穴施，条施的用量要少于撒施的用量。也可与农家肥或氮磷钾肥混合基施。在质地砂性的土壤上，最好与农家肥混施，以提高保肥能力。一般铜肥后效较长，每隔 3～5 年施 1 次。几种作物施硫酸铜的建议用量见表 7。

表 7 几种作物施硫酸铜的建议用量

作物	施用量/(kg/亩)	备注
柑橘	0.46	5 年 1 次
油桐	0.46	5 年 1 次
小粒谷物	0.40	最初施用
玉米	0.40	最初施用
大豆	0.20～0.40	最初施用
菜用玉米	0.15～0.45	最大量每亩 1.5～3.0kg
蔬菜	0.30～0.45	最大量每亩 2.3kg
小麦	0.50～1.00	5 年 1 次

（2）拌种 每千克种子用硫酸铜 0.3～0.6kg，先将肥料用少量水溶解后，用喷雾器均匀地喷洒在种子上，拌匀，阴干后播种。

（3）浸种 用 0.01%～0.05%的硫酸铜溶液，将种子放入溶液内浸泡 24h 左右，阴干后播种。

（4）叶面喷施 在蔬菜上使用最好在苗期进行，用 0.02%～0.04%的硫酸铜溶液喷施，每亩喷 50～60kg，7～10d 一次，连续喷施 2 次。叶面喷施采用较高浓度时，应加入 0.15%～0.25%的熟石灰，以防发生药害，配好后应去渣，防止堵塞喷雾器的喷孔。

在烤烟漂浮育苗过程中，在烤烟播种后 20d，营养池中施用浓度为50mg/L的硫酸铜，可促进烤烟出苗和生根，控制蓝绿藻的发生和蔓延，促进根系健壮生长和苗期烟株生长发育。

（5）用作杀菌剂　瓜类枯萎病、辣椒疫病、茄子黄萎病、番茄青枯病、大白菜软腐病等，在发病初期施用硫酸铜能快速杀死病菌，刺激伤口愈合。方法是：在定植时每亩用硫酸铜2kg加碳酸氢铵11kg，混匀，堆闷15～20h后撒施在定植穴内；或每千克硫酸铜加水500kg灌根，每株用0.3～0.5kg药液；或定植后每亩用硫酸铜2～3kg随水浇施。

注意事项

① 硫酸铜溶液对铁制容器有腐蚀作用，所以不能用铁制喷雾器喷雾，喷雾器用后应彻底清洗。

② 硫酸铜对鱼类毒性高，喷施残渣不能倒入鱼塘，喷雾器也不能在鱼塘内清洗，以防止鱼类受毒害。

第四章 

复混（合）肥料使用技术

复混肥料（复合肥料）[compound fertilizer（complex fertilizer）]

复混肥料，是复合肥料和混合肥料的统称，由化学方法和物理方法加工而成。生产复混肥料可以物化施肥技术，提高肥效，减少施肥次数，节省施肥成本。复混肥料是当前肥料行业发展最快的肥料品种，也是产品质量较差的肥料品种之一。复混肥料的种类如下。

（1）根据营养元素种类划分

① 二元复合肥　含有氮、磷、钾 3 种元素中的两种元素，根据农作物需肥规律合理匹配，复混后加工成的商品肥料。如氮磷复混肥、氮钾复混肥、磷钾复混肥。

② 三元复合肥　含有氮、磷、钾 3 种元素，根据农作物需肥规律合理匹配，复混后加工成的商品肥料。通常以专用型的三元复混肥施用效果最好。

（2）根据氮磷钾养分总含量划分　复混肥中的氮磷钾比例，一般氮以纯氮（N）、磷以五氧化二磷（P_2O_5）、钾以氧化钾（K_2O）

为标准计算，例如氮：磷：钾=15：15：15，表明在复混肥中纯氮含量占总物料量的15%，五氧化二磷占15%，氧化钾占15%，氮、磷、钾总含量占总物料的45%。根据总养分含量可分为3种不同浓度的复混肥。

① 高浓度复混肥　氮、磷、钾养分总含量大于40%，一般生产过程中总含量为45%的占多数。高浓度复混肥的特点是养分含量高，适宜机械化施肥。但由于高浓度复混肥养分含量高，用量少，采用人工撒施不容易达到施肥均匀。高浓度复合肥中氮、磷、钾占的比例大，一些中、微量元素含量低，长期施用会造成土壤中的中、微量元素含量不足。

② 中浓度复混肥　氮、磷、钾养分总含量在30%～40%。中浓度复混肥是对高浓度和低浓度复混肥的调节，它的施用量介于二者之间，一般的播种机稍加改造就可以将所需肥料数量施足，而且可以达到均匀程度，还含有相当数量的钙、镁、硫等中量元素。一般在果树和蔬菜上施用中浓度复混肥比较普遍。

③ 低浓度复混肥　氮、磷总含量大于20%的二元素复混肥和氮、磷、钾总含量大于25%小于30%的三元素复混肥。低浓度复混肥养分含量低，施用量大，采用一次性播种施肥方式时不容易将肥料全部施入土壤中，人工撒施劳动量也比施高浓度复混肥要多。它的优点是由于用量大，施起来容易均匀。低浓度复混肥生产原料选择面比较宽，可选用硫酸铵、普通过磷酸钙等用以增加复混肥中量元素钙、镁、硫的含量。一般低浓度复混肥适宜在蔬菜和瓜类作物上应用。

（3）根据复混肥的成分和添加物划分

① 无机复混肥　原料是化学肥料，用尿素、硫酸铵、重钙磷酸铵、氯化钾等按照一定比例，经混合造粒，生成二元复混肥、三元复混肥和各种专用复混肥。

② 有机-无机复混肥　以无机原料为基础，增加有机物为填充物所形成的复混肥。这些有机-无机复混肥的生产一般是以无机肥料为主要原料，填充物采用烘干鸡粪等有机物增加肥料中的有机物

质。有机-无机复混肥的基本特点是：速效养分含量能够满足作物当季生长的要求，同时又向土壤补充了部分有机肥料，可以起到培肥地力的作用，也向土壤提供了部分有机的缓效养分。

质量标准 执行国家强制性标准 GB 15063—2009。

施用方法 复混肥料一般用作基肥和追肥，一般不宜用作种肥和叶面追肥，防止烧苗现象发生。

（1）作基肥 复混肥料中有磷或磷钾养分，同时肥料大多呈颗粒状，比单质化肥分解缓慢，因此，作基肥较好。作基肥可以深施，有利于中后期作物根系对养分的吸收，满足作物中后期对磷、钾养分的最大需要，克服中后期追施磷、钾肥的困难。据试验，在作物生长前期或中期附加单质氮肥作追肥的情况下，不论是二元还是三元复混肥料均以基施为好，采用基肥追肥各半明显减产，减产幅度在6%以上。

（2）作追肥 复混肥料作追肥会导致磷、钾资源的浪费，因为磷、钾肥施在土壤表面很难发挥作用，当季利用率不高。如果基肥中没有施用复混肥料，在出苗后也可适当追施，但最好开沟施用，并且施后要覆土。

（3）作冲施肥 黄瓜、辣椒、番茄等多次采收的蔬菜，每次采收后冲施复混肥料可以补充适当的养分，应选用氮钾含量高、全水溶性的复混肥。一般蔬菜大棚的土壤速效磷含量极高，没有必要用三元复混肥料作冲施肥。

（4）作种肥 原则上复混肥料不能作种肥，因为高浓度肥料与种子混在一起容易烧苗。如果一定要作种肥，必须做到肥料与种子分开，相隔5cm为宜，以免烧苗。一些价格贵的复混肥料大量施用代价太高，也可用作种肥，如磷酸二氢钾。种肥主要能满足苗期对养分的需求。如苗期作物根系吸收能力较弱，但又是磷素营养的临界期，这时缺磷造成的损失是以后再补充磷也不能挽回的，对严重缺磷的土壤或种粒小、储磷量少的作物，如油菜、番茄、苜蓿等施用磷钾复混肥作种肥，有利于苗齐苗壮。

注意事项

① 肥料品种　不同复混肥料养分含量和配比不同，不同作物需肥规律也不相同，要根据作物种类选择适宜的复混肥料。

② 施肥量　由于复混肥料含有相当数量的磷钾及副成分，施肥量较单一氮肥大，一般大田作物每亩施用 50kg 左右，经济作物施用 100kg 左右。

③ 施肥时期　为使复混肥料中的磷、钾（尤其是磷）充分发挥作用，作基肥施用要尽早。一年生作物可结合耕耙施用，多年生作物（如果树）则较多集中在冬春施用。若将复混肥料作追肥，也要于早期施用，或与单一氮肥一起施用。

④ 施肥深度　施肥深度对肥效的影响很大。应将肥料施于作物根系分布的土层，使耕作层下部土壤的养分得到较多补充，以促进平衡供肥。随着作物的生长，根系将不断向下层土壤伸展，早期作物以吸收上部耕层养分为主，中晚期从下层吸收较多。因此，对集中作基肥施用的复混肥分层施肥处理，较一层施用可提高肥效。

⑤ 产品包装袋上注明“含氯”字样的复混肥料，忌氯作物和盐碱地应尽量少用，最好不用。它最适合施用于种植水稻等水田作物，因为氯离子能随水淋失到下层，不会在土壤中累积。

⑥ 产品包装袋上未注明“含氯”字样的复混肥料，产品中不含氯化铵和氯化钾，产品的售价较高。适合施用于经济效益较高或忌氯的作物上，包括果树、烟草和块根作物等。盐碱地应用该系列的复混肥料效果较好。

⑦ 产品包装袋上注明“枸溶性磷”，说明产品中水溶性磷的含量很低，该产品适合施用在长江以南的酸性土壤上。

⑧ 产品包装袋上没有标明“枸溶性磷”，说明产品中水溶性磷的含量较高，该复混肥料适合施用于我国绝大多数的土壤和作物上。

⑨ 产品包装袋上标明“含硝态氮”，该复混肥料不适合施用在水田土壤上，因此种植水生作物时尽量不要选用“含硝态氮”标识的复混肥料。一般来说，“含硝态氮”复混肥料的价格一般高于同等氮含量的其他复混肥料，因此含有硝态氮的复混肥料适宜施用在

经济效益较高的经济作物上，例如烟草、蔬菜等。

⑩ 产品包装袋上没有标明“含硝态氮”，该复混肥料适合施用于水田和旱地作物上。

掺混肥料（bulk blending fertilizer）

掺混肥料，是指氮、磷、钾三种养分中，至少有两种养分标明量的由干混方法制成的颗粒状肥料，也称 BB 肥。尤其特指由粒形与表观密度相似的几种颗粒状物料散装掺和成的肥料。成品可散装或袋装，但以散装居多。可以是几种单一肥料的掺和，也可以是单一肥料和某种化成复合肥料的掺和。所用各种基础物料的比例，完全取决于施用作物对象和土壤状况所需的养分比例。最常用的掺和基础物料是磷酸二氢铵（MAP）、磷酸氢二铵（DAP）、重过磷酸钙、氯化钾、硝酸铵、尿素和硫酸铵。掺混肥料对基础肥料的要求较高，如物料水分超标或受潮时，须事先脱水；物料如经长期储运，掺和前要过筛，目的是要使物料保持均一的坚硬粒子。由于尿素与硝酸铵掺和后会降低两种肥料的吸湿点，因此，尿素或尿素的复肥一般不与硝酸铵或含硝酸铵的复肥掺和，尿素与普通过磷酸钙、重过磷酸钙易反应脱出结晶水，普通过磷酸钙或重过磷酸钙如事先不干燥，一般也不掺和。

我国由于大颗粒尿素生产和颗粒钾肥的进口，使掺混肥料得以迅速发展。

质量标准 执行国家强制性标准 GB 21633—2008。

施用方法 掺混肥料可作基肥和追肥，宜条施和穴施，肥料要距种子和作物根系 3～5cm，施后盖土。具体施用方法可参考复混肥料。

注意事项

① 掺混肥料一般要求当天掺混当天施用，尽量不予存放。

② 要在了解作物需肥特性、土壤肥力状况、肥料增产效应基础上，制定合理的养分配比。

③ 原料颗粒的粒径大小要一致，以免肥料分层。

④ 在存放过程中要防止吸湿，尤其要防止不同物料的分离和某一物料的偏集。如将氮磷（钾）物料已有分离的掺混肥料条施，则以后作物的长势会明显不均匀，施用偏集氮肥的那一段会生长过旺，而偏集磷（钾）地段的作物长势则明显变差，甚至出现黄苗。因此，不论采用手工还是机械施用掺混肥料，都要尽量防止基础肥料在施用过程中的分离和偏集。

磷酸一铵（monoammonium phosphate）

磷酸一铵，中文别名：磷酸铵、磷酸二氢铵、工业磷酸一铵。含有氮、磷两种养分，属于氮磷二元型复合肥料，是我国发展最快、用量最大的复合肥料。

分子式和分子量 $NH_4H_2PO_4$，115.03

质量标准 执行国家强制性标准GB 10205—2009。

施用方法 磷酸一铵适用于水稻、小麦、玉米、高粱、棉花、瓜果、蔬菜等各种粮食作物和经济作物。广泛适用于红壤、黄壤、棕壤、黄潮土、黑土、褐土、紫色土、白浆土等各种土质，特别是碱性土壤和和缺磷较严重的地方，尤其适合于干旱少雨地区施用。施用磷酸一铵应先考虑磷的用量，不足的氮可用单质氮肥补充，磷酸一铵可作基肥、追肥和种肥。

（1）作基肥　通常在整地前结合耕地，将肥料施入土壤；旱地也可在播种后开沟施入，施入量一般为每亩10～15kg，施用时配合碳酸氢铵、尿素施用。

（2）作追肥　可采用根外追肥的方式，喷施浓度为0.5%～1.0%。

（3）作种肥　要控制用量，一般为每亩3～5kg，但不宜与种子直接接触，防止影响发芽和引起烧苗。

注意事项

① 磷酸一铵易溶于水，它适合施用于各种土壤和农作物，水

田和旱田均可施用。

② 前期施用磷酸一铵的作物，一般中后期只要补充氮肥即可，不需补施磷肥。施用磷酸一铵时，一般需要配施氮肥。

③ 磷酸一铵在储藏和运输时，应避免与碱性的肥料或物质混放或混施。碱性肥料（物质）包括氨水、液氨、氰氨化钙、碳酸氢铵、窑灰钾肥、草木灰、南方改良土壤用的石灰等。

磷酸二铵 (diammonium phosphate)

磷酸二铵，又称磷酸氢二铵（DAP），简称二铵，是一种高浓度含氮磷两种营养成分的速效复合肥，适用于各种作物和土壤，特别适用于喜铵需磷的作物，作基肥或追肥均可，宜深施，使用效果很好，作物的增产效果明显。

分子式和分子量　$(NH_4)_2HPO_4$，132.056

质量标准　磷酸二铵和磷酸一铵的质量标准是同一个国家标准，其标准代号为 GB 10205—2009，属于强制性标准的范围。其技术要求根据生产工艺的不同而不同。

施用方法

（1）作基肥　磷酸二铵作基肥，能保证生育中后期瓜果壮、籽粒重、产量有保证。磷素在土壤中的移动性很弱，极易被土壤固定，因此用磷酸二铵作基肥时，施在作物根系分布较多的土层效果最好。不同作物施基肥的深度应有所区别，果树要求施到40～60cm，蔬菜20cm，粮食作物20～30cm。基肥施用量因作物种类和前茬施肥状况不同而异，例如施了有机肥的农田可少施；年年施磷铵的地块可少施或改施种肥。一般粮食作物基肥磷酸二铵的推荐用量在每亩8～10kg左右，大豆亩均8～12kg，棉花亩均12～16kg。也可分层施用，施用时配合碳酸氢铵、尿素施用。

（2）作追肥　切忌撒施在表面，应穴施或开沟深施，追施深度在10cm左右，并覆土埋肥。追肥也可采用根外追肥的方式，喷施浓度为0.5%～1%。

（3）作种肥　因磷酸二铵在潮湿的环境中容易分解产生氨气，影响种子发芽和幼苗生长，故一般不作种肥。如无其他肥料可用，必须作种肥时不仅要深施，而且要做到施在种子斜下方2～3cm，与种子隔层或错位施，不可让肥料与种子接触，以免种子氨中毒。此外，种肥用量要严格控制在每亩2.5～5kg。

注意事项

① 不能将磷酸二铵与草木灰、石灰等碱性肥料混合施用，否则会造成氮的挥发，同时还会降低磷的肥效。

② 已经施用过磷酸二铵的作物，在生长的中、后期，一般只补适量的氮肥，不再需要补施磷肥。

③ 除豆科作物外，大多数作物直接施用时需配施氮肥，调整氮磷比。

④ 切忌用磷酸二铵作冲施肥，使磷素从地面径流带走，而作物根系接触不到。

硝酸磷肥（nitrophosphate）

硝酸磷肥，又名高效氮磷复合肥，是用硝酸分解磷矿粉，再用氨来中和多余的酸而加工制成的氮磷比约为2∶1的复合肥料。硝酸磷肥是兼含有水溶性磷和枸溶性磷的肥料。代表性产品为20-20-0（含N20%、含P_2O_5 20%，不含K_2O）、28-14-0或26-13-0、16-23-0。

分子式　$CaHPO_4 \cdot NH_4H_2PO_4 \cdot NH_4NO_3 \cdot Ca(NO_3)_2$

质量标准　硝酸磷肥现行有效的标准是国家推荐性标准GB/T 10510—2007（适于主要以硝酸分解磷矿石后加工制得的氮磷比约为2∶1的肥料以及在其生产过程中加入钾盐而制得的肥料），企业也可以根据自身的实际情况，制订企业标准并到属地技术监督部门备案。

施用方法

（1）宜旱地施用。硝酸磷肥兼有硝态氮和氨态氮，硝态氮以阴离子形式存在，在肥料溶解后对作物直接有效，即使在土壤含水量低的情况下也是如此。因此，硝酸磷肥最适宜在旱地施用，但是，在严重缺磷的旱地上施用，应选择高水溶率（P_2O_5 的水溶率大于50%）的硝酸磷肥。水田施用硝酸磷肥易引起硝态氮的损失，其肥效往往不如尿素磷铵系列等复混肥料，故不宜在南方特别是水田上施用。

(2) 宜作基肥和种肥，也可以一部分作基肥，一部分作追肥。在一般情况下，用作基肥时，每亩用量为 15～30kg。用作种肥时，每亩用量 5～10kg，但不能与种子直接接触。作追肥时应避免根外喷施。

(3) 硝酸磷肥在其生产过程中加入氯化钾或硫酸钾，可以制作不同规格的氮、磷、钾三元复合肥，称之为硝磷钾肥，其代表产品有 15-15-15，含硫酸钾的硝磷钾三元复合肥，特别适用于烟草。

注意事项

① 硝酸磷肥含有硝酸根，容易助燃和爆炸，在贮存、运输和施用时应远离火源。硝酸磷肥吸湿性强，应注意防潮。如果肥料出现结块现象，应用木棍将其击碎，不能使用铁锹拍打，以防爆炸伤人。

② 硝酸磷肥呈酸性，适宜在北方石灰质的碱性土壤上单独施用。

③ 硝酸磷肥含硝态氮，容易随水流失，水田作物上应尽量避免施用该肥料。

④ 硝酸磷肥所含氮、磷养分比例不适合作物需要时，可用单一磷肥或单一氮肥调节氮磷比例至适合要求后施用。

⑤ 配施钾肥。

硝酸磷钾肥 (potassium nitrophosphate)

硝酸磷钾肥，是以硝酸分解磷矿石并加入钾盐加工制得的肥料。

质量标准　硝酸磷钾肥执行的质量标准与硝酸磷肥为同一个标准，代号为GB/T 10510—2007。

施用方法

(1) 适用于各种土壤和作物，主要作追肥施用，也可作基肥。普通大田作物一般用作基肥施用；经济作物作追肥，并在各生长期内尽量采用少量多次的方法施用，以提高肥料的利用率。施用时应深施覆土，基肥深施，追肥沟施或穴施，避免与种子或根系直接接触。施用后不宜立即灌水，避免养分被淋洗至深层，使肥效降低。

(2) 施肥用量：大田作物30～50kg/亩，经济作物40～70kg/亩。作种肥时，一般亩施5～8kg，且要避免和种子直接接触，一般应距种子5cm左右。几种作物各时期施用量见表8。

表8　几类作物各时期硝酸磷钾肥施用量　　单位：kg

作物	亩用量	基肥	苗肥	旺盛生长期	花期/结果期
水稻	31～46	25～33		6～13	—
小麦	40～51	30～35		10～16	—
玉米	26～36	20～26		6～10	—
棉花	40～50	20～30		15～20	—
果树	40～60	20～30		—	20～30
茄果类	50～70	20～25	10～20		20～25
根茎类	45～60	20～25	15～20		10～15
瓜果类	45～60	10～15	20～25		15～20
叶菜类	30～45	10～20	20～25		—
花卉	40～50	10～15	20～25		10～20

注：表中施肥用量以40％（22-9-9）为例。

注意事项

① 以上推荐的施肥方法和用量仅供参考，各地土壤及施肥习惯不同，用户应根据实际施用情况调节，以找到最适方法和最佳用量。

② 硝酸磷钾肥可以在大棚蔬菜上施用，但应控制好用量，用量过大会导致蔬菜中硝酸盐含量过大。在大棚蔬菜上施用硝酸磷钾肥不会对后茬作物造成不良影响。

农业用硝酸钾（potassium nitrate for agricultural use）

硝酸钾也称为钾硝石、盐硝、火硝、土硝，由硝酸钠和氯化钾一起溶解、重新结晶而制成。农业用硝酸钾肥料为100%植物养分，全部溶于水，是无氯钾、氮复合肥，植物营养素钾、氮的总含量可达60%左右，不残留有害物质，具有良好的物理化学性质。主要用于花卉、蔬菜、果树等经济作物的叶面喷施肥料等。

分子式和分子量 KNO_3，101.10

质量标准 农业用硝酸钾执行国家推荐性标准GB/T 20784—2013（代替GB/T 20784—2006）。

施用方法

（1）施用方便 硝态氮在任何条件下能迅速提供养分，适用于四季作物，不会在土壤中造成盐类的积累。由于没有挥发性，可直接施于土壤表面而不需覆盖。它所含硝态氮和钾均为农作物生长所必需的大量元素，两者间具有良好的协调作用，可互相促进被作物吸收并促进其他营养元素的吸收，其所含的氮钾比为1∶3（一般作物都以此比例吸收氮、钾），农业上也常将其作为高浓度钾肥用，可在作物需肥高峰期均衡迅速地被作物吸收利用。

（2）适作追肥 农用硝酸钾肥料无氯无钠，盐指数低，水溶性好但不吸湿，养分含量高，肥效作用迅速，广泛用于各种粮食作物、经济作物。使用农用硝酸钾可提高产量，改善品质，提早成熟，增强抗病力，延长保鲜期。硝酸钾施入土壤后较易移动，适宜作追肥，尤其是作中晚期追肥或作为受霜冻为害作物的追肥，根外追肥浓度为0.6%～2%。不宜作基肥和种肥。

宜施用于旱地，而不宜施用于水田。一般常规品种亩施肥量在10～15kg之间。浸种时，一般可采用浓度为0.2%的硝酸钾水溶液浸种和拌种。

（3）对氯离子敏感作物施用硝态氮比铵态氮更为有利 如烟草、柑橘、葡萄、蔬菜、甜菜以及其他对氯离子敏感的作物，硝酸钾中的硝态氮能阻止作物吸收土壤中的氮。烟草既喜钾，又喜硝态氮，硝酸钾施用于烟草具有肥效高、易吸收、促进幼苗早发、增加烟草产量、提高烟草品质的重要作用，主要作烟株追肥使用。大田生产上掌握分 3 次以上追肥，第一次追肥掌握在栽后 7d 左右浇施起苗肥，15d 左右烟株开盘前进行第二次浇施，团棵前（25～30d）结合大培土进行第三次追肥。遇天气干旱年份，可在第三次追肥时用硝酸钾对水浇施补肥、补水，通过以水调肥，促进烟株旺长。

（4）可作混肥或配肥　硝酸钾除可单独施用外，也可与硫酸铵等氮肥混合或配合施用。用它代替氯化钾配制混肥，可明显降低混合肥料的吸湿性。如用氯化钾制成的 16-0-16 氮钾混合肥料，不吸湿。

（5）硝酸钾也是叶面营养液和灌水肥料的主要氮钾源　随着设施栽培滴灌、肥灌的发展和我国烤烟生产中硝酸钾用量的增加，对硝酸钾的需求与日俱增。

注意事项

① 不可视作硫酸钾肥，误作纯钾施用，以免造成氮肥施用过量。

② 硝酸钾作基肥施用时不能与过磷酸钙、新鲜有机肥混合施用，避免造成氮素损失。

③ 硝酸钾所含氮素全部是硝态氨，易被水淋失，不宜在水田使用。

④ 施用硝酸钾的烟田，叶色浅，落黄集中，分层落黄不十分明显，不要误认为缺氮再增施氮，容易造成氮肥过量。

⑤ 硝酸钾也是制造火药的原料，储运时要特别注意防高温、防燃烧、防爆炸，切忌与易燃物质接触。

农业用硝酸铵钙（calcium ammonium nitratc for agriculturc）

农业用硝酸铵钙，又名石灰硝铵，英文简称 CAN，是硝酸铵的改性产品，是以硝酸铵与硝酸钙组成或与碳酸钙混合共熔而成的一种复合肥料。由于钙元素的存在，使硝酸铵钙肥料中的含氮量要低于普通的硝酸铵，约为26%。但CAN是一种具有良好物化特性的优质氮肥，氨挥发损失、吸湿性要低于普通硝酸铵，从而改善了硝酸铵的结块性和热稳定性，贮存和运输中也不易发生火灾和引起爆炸，是一种比硝酸铵更为安全的硝态氮肥。产品中氮是以硝酸根的形式同时存在的，因此，其肥效比其他仅含硝酸根的氮肥（如硝酸钙和硝酸钠）高。

分子式和分子量 $NH_4NO_3 \cdot CaCO_3$，181.14

质量标准 执行农业行业标准NY 2269—2012。

施用方法 由于硝酸铵钙是中性肥料，适合于多种土壤，特别是酸性土壤，可以改良土壤，增加团粒结构，使土壤不结块。在种植经济作物、花卉、水果、蔬菜等农作物时，施用硝酸铵钙可延长花期，促进作物根、茎、叶的正常生长代谢，使果实颜色鲜艳，增加果实糖分和维生素的含量，改善和提高作物的品质。

（1）大田作物 每亩用20～25kg作基肥或追肥使用。

（2）温室种植 施肥量按吸收量的2倍计算，全部使用液肥，每亩冲施10～15kg。

（3）花木作物 用1%～2%的硝酸铵钙溶液施入土中，以每升土壤中含0.1～0.5g为宜。

磷酸二氢钾(potassium dihydrogen phosphate)

磷酸二氢钾，英文简称MKP，是含磷和钾的高浓度、速效、二元型复合肥料。磷酸二氢钾含有效成分P_2O_5约52%，含K_2O约35%左右，养分表达式为0-52-35。烤烟需磷、钾量大，特别是需钾量大，磷酸二氢钾是用于烤烟的一种较为理想的新型肥料。磷酸二氢钾用在棉花上能够控制棉花徒长，增加植株花苞数量。磷酸二氢钾广泛运用于滴管喷灌系统中，常用于根外施肥或作无土栽培的营养液。磷酸二氢钾产品广泛适用于各类经济作物、粮食、瓜果、蔬菜等几乎全部类型的作物，具有显著增产增收、改良优化品质、抗倒伏、抗病虫害、防治早衰等许多优良作用，并且具有克服作物生长后期根系老化、吸收能力下降而导致的营养不足的作用。

分子式和分子量 KH_2PO_4，136.09

质量标准 执行化工行业标准 HG 2321—1992（适用于工、农业用的磷酸二氢钾，在农业上作为肥料）。

施用方法 磷酸二氢钾可以用作基肥、种肥、追肥。

（1）作叶面肥 由于价格较贵，目前多用于作物根外追肥，特别是用于果树、蔬菜，此外也可用于瓜类和小麦中的根外追肥。多数作物每亩喷施0.1%～0.2%的磷酸二氢钾溶液50～75kg，连续喷施2～3次，可增产10%左右。在茄果类蔬菜上使用，喷施浓度0.3%，喷施时间：第一次在初花期，第二次在初果期，第三次在第二次喷后7d进行。比喷尿素及不喷肥处理，番茄表现株高、茎粗增加，叶片数和花蕾数增多；辣椒表现株高、株幅、叶长增加，分枝数增多；茄子表现株高、株幅增加，叶片变长；降低番茄病果率，提高辣椒软腐病和茄子绵疫病率的抗病率，增强其品质。几种作物作叶面肥的施用技术见表9。

表9 磷酸二氢钾作叶面肥的施用技术

作物	喷施时期	喷施浓度
水稻	始穗期、齐穗期、灌浆期各喷1次	0.5%～1%
麦类	拔节期、抽穗期、灌浆期各喷1次	0.5%～1%
玉米	授粉后	0.5%
棉花	蕾期、始花期、结铃期各喷1次	0.5%
薯类	收获前40～45d喷2～3次，每次间隔10～15d	0.3%～0.5%
柑橘	坐果期	0.3%或在100kg 0.3%磷酸二氢钾溶液中加入0.2kg尿素后喷施
葡萄	新梢生长期、浆果膨大期喷2～3次	0.2%～0.3%
西瓜	每次采瓜后喷施	0.5%
茄果类蔬菜	全生育期喷3～5次	0.2%～0.5%
根茎类蔬菜	全生育期喷3～5次	0.3%～0.5%

喷施时要避开正午的阳光，阴雨天不宜喷施，勿与碱性农药混用。

（2）作种肥　磷酸二氢钾也可用于作种肥。在播种前，将种子在浓度为0.2%～0.5%的磷酸二氢钾水溶液中，浸泡18～20h。之后捞出来，晾干，即可作为种肥在作物播种时施用。浸种用过的溶液仍可用于叶面喷施或灌根。

（3）作基肥　按每亩3～5kg，用细土拌匀，播种时施用，可代替其他磷钾肥作基肥。

（4）拌种　1%～2%水溶液用喷雾器或弥雾机均匀喷洒于种子上，稍晾即可播种，每1kg溶液拌种10kg左右。

（5）蘸根　0.5%水溶液蘸根。

（6）灌根　在块根、块茎作物上，可用1500倍液的磷酸二氢钾水溶液进行灌根，每株灌150～200g，也有明显的增产效果。大棵作物如高粱、玉米可适当多灌。

注意事项　磷酸二氢钾用于追肥，通常是采用叶面喷施的办法进行的，然而叶面喷施是一种辅助性的施肥措施，必须在作物前期施足基肥、中期用好追肥的基础上，抓住关键，及时喷施，才能收到较好的效果。它不能替代任何其他肥料的作用。

氮磷钾三元复合肥（compound N, P and K fertilizer）

氮磷钾三元复合肥，准确地说，是指含有氮磷钾三个养分的一类复合肥料（三元肥料），而不是一个品种。

氮磷钾三元复合肥料中的养分比例，理论上可以任意配制，生产千百个品种。但事实上，限于原料、工艺流程、销售要求和作物追肥的需要，固体剂型又较稳定的三元复合肥料商品，达到批量的只有几十种。

三元复合肥料的基本类型有三个：硫磷钾型、尿磷钾型和硝磷钾型。生产这些三元复合肥料的磷源相似，大都采用磷酸铵、重过磷酸钙或普通过磷酸钙，主要差别是氮源。上述三类复合肥料的氮源分别是硫酸铵（常配硫酸钾作钾源）、尿素（一般配氯化钾）和硝酸铵（一般配氯化钾）。我国尚有以氯化铵（配氯化钾作钾源）

作主要氮源的三元复合肥料，称之为氯磷钾型，因其中有两个组分含氯（氯化铵和氯化钾），故也称双氯复肥，一般限于在一定地区的粮食作物上施用。我国农民对以硫酸钾作钾源的三元复合肥料简称“硫三元”，以氯化钾作钾源的三元复合肥料，简称“氯三元”。

（1）15-15-15 型复合肥料　又称“三个 15 复肥”。这是一种氮、磷、钾养分相等的 1∶1∶1 型复合肥料。其特点如下。

① 粒形一致，外观较好，粒径以 1.5～3mm 居多。

② 养分含量高达 45%，所有组分都能溶于水。

③ 氮素一般由硝态氮和铵态氮两部分组成，各占 50%左右。

④ 磷酸中既有水溶性磷，也有枸溶性磷，一般水溶性磷较少，占 30%～50%，枸溶性磷较高。

⑤ 多数产品的钾素以氯化钾形态加入，即产品中含有约 12%的氯。只有当注明用于忌氯作物的产品，才用硫酸钾作钾源，但价格较贵。

⑥ 产品中一般不添加微量元素养分。

这种三元复合肥料在我国习惯上称通用型复肥，即可以通用于所有土壤和作物。当将三元复合肥料用于有特殊要求的作物时，可以按施肥要求用单一肥料调节其养分比例。这种复肥的生产量很大，世界各国几乎都有使用。

（2）其他三元复合肥料　15-15-15 以外的三元复肥，批量生产的有几十种。其中属 1∶1∶1 型的，还有如 8-8-8、10-10-10、14-14-14 的 19-19-19 等多种。更多的产品属氮磷钾养分的含量不相等的，大都用于有相应营养要求的对象作物，实际上就是通常所称的专用复合肥料。

此外，还有一些特殊类型的三元复合肥料，如配有缓释氮肥（长效氮肥）的三元复肥，添加某种有针对性农药的三元复肥等。

有机-无机复混肥料（organic-inorganic compound fertilizer）

有机-无机复混肥料，是指以畜禽粪便、动植物残体等富含有机质的副产品资源为主要原料，经发酵腐熟后，添加无机肥料制成的肥料，也指含有一定量有机物料的复混肥料。

有机肥与无机物配合施用，既是我国特有的施肥经验，也是适合我国国情特点的施肥制度。试验表明，与单施有机肥或单施无机肥相比，有机无机肥配合施用，地力得到培育，肥料利用率得到提高，农作物获得增产，作物品质得到改善，因而是优良的施肥制度。起到长短互补、缓急相济、有机无机相互促进、营养与改土相结合的施肥效果。有机-无机复混肥是有机无机肥配施的一种形式，复混肥中有机无机相结合的方式，不仅可以以无机促有机，而且以有机保无机，减少了肥料养分的流失。有机-无机复混肥不但含有大量营养元素，而且还含有微量营养元素，以及生理活性物质，肥效长，效果好。

质量标准 执行国家标准 GB 18877—2009。

主要种类 按配方比例分类，可分为通用型有机-无机复混肥与专用型有机-无机复混肥。按有机物料品种分类，可分为以腐熟型畜禽粪便生产的有机-无机复混肥、以垃圾堆肥生产的有机-无机复混肥、以工业有机废料生产的有机-无机复混肥、腐植酸型有机-无机复混肥和以混合型有机物料生产的有机-无机复混肥。

施用方法

（1）施用方法 一般可作基肥，也可作追肥和种肥。但作种肥，特别是在条施、点施和穴施时要避免与种子直接接触，避免有机物的降解作用以及化肥对种子发芽产生不良影响。

（2）施用量 在施用有机-无机复混肥料时必须同时考虑土壤、作物等因素。虽然有机-无机复混肥料含有一定数量有机质和氮磷钾养分，具有一定的改土培肥作用和养分释放作用，但其作用有限，因此要注意有机肥的投入和化肥补充。要根据肥料中的有效成分含量和比例，根据土壤养分、作物种类和作物生长发育情况，确定合理用量。

对于粮食作物，基肥占全生育期肥料用量一半以上。

经济作物种类很多，营养特性复杂，对基肥的要求也不同，复混肥的种类和施肥量也要因作物种类而异。但这些作物对氮素的要求是多次施入，基肥中氮只占全生育期用量的30%～40%，因而在肥料品种上应选用低氮、高磷、高钾的复混肥料。

果树一般在秋后施1/3，春季施2/3，其他时期可适量补充一些速效化肥。

总体而言，氮、磷、钾总养分在20%的有机-无机复混肥，一般作物亩施100～150kg，果树亩施200～250kg。

注意事项 有机-无机复混肥不同于纯有机肥，它在制造的过程中添加了一些化肥，化肥中的氯离子对有些作物是有害的，在选择肥料时要注意其外包装上是否标注“含氯”，以免含氯肥料造成作物的减产或绝收。

有机-无机复混肥有许多优点，但它的作用与无机复混肥相比究竟有多少优势，还是个有争议的问题，虽然大多数人对其持肯定态度，试验证明了有机-无机复混肥与普通无机复混肥相比的优势，但也有相反的结论，有人认为有机-无机复混肥只加入了少量的有机质，其作用是有限的。而且有机-无机复混肥的成分复杂，在推广使用时要注意它的实际效果。特别要注意以下几点，不要盲目相信厂家的宣传。

一是有机-无机复混肥料中的有机部分的肥效。目前大多数有机-无机复混肥料的有机部分含量在20%～50%之间。若以50%计，即使单位面积施用100kg有机-无机复混肥料，施入的有机物质只有50kg，有机物料所含养分浓度很低。鸡粪是很好的有机肥，但干鸡粪中$N+P_2O_5+K_2O$总量也不超过5%，50kg所含养分不超过2.5kg，加上三种养分平均利用率不足50%，真实提供给作物的养分总量只有1kg多点，而一季粮食作物需要的总养分大概在20～30kg，所以有机部分带来的养分是有限的。许多经验表明，每亩施入有机肥1500kg才有效。有机-无机复混肥料施入的有机质在有机-无机复混肥料中最大的作用可能是对无机养分的吸附，有机物质是分散的多孔体，会吸收一部分化肥养分。有机-无机复混肥料施入土壤后，化肥部分被水溶解，一部分被作物吸收，一部分被有机物吸收，对化肥的供应强度起到一定的缓冲作用。有机质对减少磷和微量元素的固定也有一定的作用，许多有机-无机复混肥料的肥效都表现出10%左右的增产效果（与等量无机养分相比），可能就是这个原因。另外，从土壤学的基本知识可知，施用少量的有机物，对提高土壤有机质作用很有限，所以也有人质疑其对土壤的培肥作用。

二是有的生产厂家在有机-无机复混肥中加入微生物，微生物的作用也值得怀疑。因为众所周知，微生物在一定环境下才有活性，这个环境要求是很高的。化学肥料大多数是盐类，溶解度很高，对微生物的活性肯定会起杀灭或抑制作用。有机-无机复混肥料加工过程中化肥采用的是干物料，对微生物的活性起抑制作用。这种肥料施入土壤后，水分充足，高浓度的肥料溶液不可能复活加入的微生物，还有可能将加入的微生物杀死，所以活性有机-无机复混肥和生物有机复混肥的肥效不能肯定。

所以在施用有机-无机复混肥料时，首先要注意肥料中的N、P、K的含量和比例，同时要考虑价格。由于加入了有机物质，增加的费用都会附加到有机-无机复混肥料的单位养分价格上，使这种肥料的单位养分价格高于一般复混肥料，这也是施用有机-无机复混肥料时应当注意的。

第五章 有机肥料使用技术

人粪尿(human excreta)

人粪尿是一种养分含量高、肥效快，适于各种土壤和作物的有机肥料，常被称为“精肥”，“细肥”，为流体肥料，易流失或挥发损失，同时还含有很多病菌和寄生虫卵，若使用不当，易传播病菌和虫卵。

施用方法 人粪尿是速效肥料，可作种肥、基肥和追肥，最适于作追肥。

作基肥一般每亩施用500～1000kg；旱地作追肥时应用水稀释3～4倍，甚至用10倍的稀薄人粪尿液浇施，然后盖土。

水田施用时，宜先排干水，将人粪尿对水2～3倍后泼入田中，结合中耕或耘田，使肥料为土壤所吸附，隔2～3d再灌水。人尿可用来浸种，有促进种子萌发、出苗早、苗健壮的作用，一般采用5%鲜人尿溶液浸种2～3h。

注意事项

① 腐熟时，要注意在沤制和堆腐过程中，切忌向人粪尿中加入草木灰、石灰等碱性物质，这样会使氮素变成氨气挥发损失。向沤制、堆制材料中加入干草、落叶、泥炭等吸收性能好的材料，可使氮素损失减少，有利于养分保存。不宜将人粪尿晒制成粪干，因

为在晒制粪干的过程中，约40%以上的氮素损失掉，同时也污染环境。

② 人粪尿是以氮素为主的有机肥料。它腐熟快，肥效明显。由于数量有限，目前多集中用于菜地。

③ 人粪尿用于保护地芹菜、莴苣、茼蒿、甘蓝、菠菜等绿叶蔬菜作物，增产效果尤为显著。含有氯离子，在忌氯作物如马铃薯、瓜果、甘薯、甜菜等蔬菜上施用不宜过多，否则不仅块茎淀粉含量降低，而且不耐贮藏。在盐碱地或排水不畅的旱地也不宜一次大量施用。

④ 人粪尿含有机质不多，且用量少，易分解，所以改土作用不大。

⑤ 人粪尿是富含氮素的速效肥料，但是含有机质、磷、钾等养分较少，为了更好地培养地力，应与厩肥、堆肥等有机肥料配合施用。

⑥ 人粪尿适用于各种土壤和大多数作物。但在雨量少，又没有灌溉条件的盐碱土上，最好对水稀释后分次施用。

⑦ 新鲜人尿宜作追肥，但应注意，在作物幼苗生长期，直接施用新鲜人尿有烧苗危害，需经腐熟对水后施用。在设施蔬菜上施用，一定要施用腐熟的人粪尿，以防蔬菜氨中毒和传播病菌。

厩肥(barnyard manure)

厩肥指圈养牛、马、羊、猪、鸡、鸭等畜禽的排泄物与秸秆等垫料发酵腐熟而成的肥料，又称土粪、圈粪、草粪、棚粪等。各种牲畜在圈（或棚、栏）内饲养期间，经常需用各种材料垫圈。垫圈材料主要是有机物（如秸秆、枯枝落叶等）。垫圈的目的在于保持圈内清洁，有利于牲畜健康，同时也利于吸收尿液和增加积肥数量。

施用方法　厩肥中大部分养分是迟效性的，养分释放缓慢，因此一般作基肥用，可全面撒施或集中施用。撒施的优点是便于施肥机械化，有利于改良土壤，对种植窄行密植作物是很适宜的；缺点是施肥量要多，肥效不如集中施肥好。条施或穴施等集中施肥，对中耕作物是经济有效的施肥方法。腐熟的优质厩肥，也可作追肥，但肥效不如作基肥效果好。厩液在腐熟后即可作追肥，肥效较高。厩肥当季氮素利用率不高，一般只有20%～30%。

施用的厩肥不一定全部是完全腐熟的，一般应根据作物种类、土壤性质、气候条件、肥料本身的性质以及施用的主要目的而有所区别。块根、块茎作物，如甘薯、马铃薯和十字花科的油菜、萝卜等，生育期较长的番茄、茄子、辣椒、南瓜、西瓜等作物，对厩肥的利用率较高，可施用半腐熟厩肥。质地黏重、排水差的土壤，应施用腐熟厩肥，且不宜耕翻过深；砂质土壤可施用半腐熟厩肥，翻耕深度可适当加深。早熟作物因其生长期短，应施用腐熟程度高的厩肥；而冬播作物生长期长，对肥料腐熟程度的要求不太严格。由于大多数蔬菜作物生长期短，生长速度快，其产品的卫生条件要求严格，使用厩肥时要求充分腐熟。降雨少的地区或旱季，应施用腐熟的厩肥，翻耕可深些；温暖而湿润地区或雨季，可施用半腐熟的厩肥，翻耕应浅些。用作种肥、追肥时，则应完全腐熟。

注意事项 动物粪便不要施在土壤表面，易发臭生虫，若经处理的粪便可减少此缺点，但仍需应用后覆土或翻土盖住。蔬菜田使用有机肥料需注意卫生及安全，防止寄生虫及病菌滋长。

家畜粪尿

家畜粪尿是指家畜（猪、马、牛、羊）的排泄物。

施用方法 猪粪尿是一种富含有机质和多种营养元素的完全肥料，适合各种植物和土壤，有较好的增产和改土效果，可作基肥、追肥，适用于各种土壤和作物。腐熟好的粪尿可用作追肥，一般每亩用量为2500～3000kg。猪粪在用干土垫圈时粪土比一般为1∶(3～4)，同时注意不要把草木灰倒入圈内导致氮肥流失。但没有腐熟的鲜粪尿不宜作追肥。没有腐熟的鲜粪尿施到土壤以后，经微生物分解会放出大量二氧化碳，并产生发酵热，消耗土壤水分，大量施用对种子、幼苗、根系生长均有不利影响。此外，生粪下地还会使土壤有限的速效养分被微生物消耗，发生“生粪咬苗”现象。

腐熟后的马粪适用于各种土壤和作物，用作基肥、追肥均可。由于马粪分解快，发热多，一般不单独施用，主要用作温床的发热材料。

牛粪分解慢，所以一般作基肥，适于各种土壤和农作物。牛粪尿最好经腐熟后施用，同时不能和碱性肥料混合施用。牛粪含水较多，通气性差，分解腐熟缓慢，常被称为冷肥。羊粪尿同其他家畜粪尿一样，可作基肥、追肥，适用于各种土壤和作物。由于羊粪较其他家畜粪浓厚，在砂土和黏土地上施用均有良好的效果。羊粪粪质细密干燥，发热量比牛粪高、发酵速度快，被称为热肥。牛羊粪中纤维素、半纤维素含量高，必须经过混合沤制才能加速其分解，成为较好的有机肥。蔬菜生产上牛羊粪施用主要以基肥为主，质地较黏重的地块最适合施用腐熟的牛羊粪。调查发现，施用牛羊粪的大棚土壤通透性明显优于施用人粪尿、鸡粪的棚，并且根结线虫危害轻。另外，牛羊粪总肥效较低，因此使用时应增加施肥量，一般每亩施用量以8000～10000kg为宜。

兔粪适合于各类作物和土壤，腐熟的兔粪可作追肥，也可垫圈作基肥用。也有将兔粪制成粪液作叶面喷施，喷施量根据作物各生育期而定。一般小麦孕穗期，每亩用粪液2.5kg，加水7.5kg；杨花期用粪液15kg，加水220kg；灌浆期用粪液20kg，加水300kg。兔粪无论作基肥、追肥或者叶面喷施都有显著的增产效果，而且可使地下害虫大大减少。

禽　粪

禽粪是鸡粪、鸭粪、鹅粪、鸽粪等家禽粪的总称，有机质和氮、磷、钾养分含量都比较高，还含有1%～2%氧化钙和其他微量元素成分，其养分含量远远高于家畜粪便。如鸡粪的氮、磷、钾养分含量是家畜粪便的3倍以上，可以说禽粪是一种高浓度天然复合肥料。

施用方法 禽粪适用于各种作物和土壤，不仅能增加作物的产量，而且还能改善农产品品质，是生产有机农产品的理想肥料。新鲜禽粪易招引地下害虫，因此必须腐熟。因其分解快，宜作追肥施用，如作基肥可与其他有机肥料混合施用。

精制的禽粪有机肥每亩施用量不超过2000kg，精加工的商品有机肥每亩用量300～600kg，并多用于蔬菜等经济作物。

鸡粪在堆积腐熟过程中易发热引起氮素挥发，所以适合干燥存放。鸡粪适合各类土壤和作物，由于鸡粪分解快，宜作追肥，鸡粪不但能提高作物产量，同时还能提高作物品质。由于鸡粪中含有大量的养分，施用量每亩不宜超过2000kg。

鸡粪是目前保护地蔬菜上应用最广泛的有机肥，可作基肥、追肥施用。作基肥时，为避免肥害，施用时必须注意以下几点。

① 杀虫灭菌 鸡粪中含有虫卵，还有大量腐生菌，施用前大部分菜农习惯先堆积高温腐熟，以杀灭虫卵，但鸡粪经过高温腐熟后肥效会降低，因此生产上不提倡使用该法。施用前每立方米可加入阿维特线威颗粒50～70g、多菌灵200～250g，掺和均匀后再施用。

② 提前施用 保护地蔬菜田更应提前施，使鸡粪在蔬菜定植前就能在土壤中完成腐熟，切忌施用鲜鸡粪后立即覆盖塑料棚膜，否则高温会引起氨气大量挥发，极易对棚内蔬菜造成氨害。

③ 适量施肥 施用鸡粪作基肥一般每亩用量以2000kg为宜，施用过多常常引起土壤pH值升高，土壤碱化。鸡粪作追肥时，一般在晴天早晨施用，稀释时应加入2%阿维菌素乳油等杀虫剂和50%多菌灵可湿性粉剂等杀菌剂，稀释4～5倍后随水冲施，一般每亩一次施用量为500～750kg。追肥原则是“少量多次”，一次施用不要过多，以免造成氨害。

鸭粪可采用草炭垫圈、定期清扫，然后放置于阴凉处堆放积存。鸭粪养分含量较鸡粪低，施用量可高于鸡粪。

未腐熟禽粪造成农作物烧根熏苗的处理办法 农作物特别是蔬菜地里施用没腐熟或腐熟程度不够的禽粪，如果出现了烧苗等现象，可采用如下措施。

（1）冲施腐熟剂 如果禽粪没腐熟好，蔬菜定植后2～3d就可出现烧苗症状，此时应及时冲施有机物腐熟剂，加快禽粪腐熟。如每亩每次冲施肥力高2kg，能达到快速腐熟的目的。

（2）加强通风 冬季棚室相对密闭，禽粪在腐熟过程中产生的氨气挥发不出去，很容易熏坏蔬菜。因此，在发现禽粪没腐熟好出现烧苗现象时，应增加放风次数和时间，以便把棚内的氨气及时排出棚外，从而避免气害的发生。

（3）增施生物菌肥 生物菌肥不仅具有改良土壤结构、提高土壤肥力、抑制根部病害的作用，对促进禽粪的腐熟效果也很显著。因此，当禽粪出现烧苗现象时，可每亩每次用大源一号等菌肥25～30kg随水冲施，也可冲施适量的微生物制剂。

沤肥（waterlogged compost）

沤肥，又称草塘泥、窖肥等，是指动植物残体、排泄物等有机物粒在淹水条件下发酵腐熟而成的肥料。一般在水源方便的场地，如田头地角、村边住宅旁，挖坑1m深，放入沤制的材料灌粪水、污水。在淹水厌气条件下，由厌气微生物群落为主进行矿质化和腐殖质化过程，温度变化比较平稳，一般为10～20℃，pH值变化也平稳，普遍在6～7之间。分解腐熟时间较堆肥长，腐殖质积累多，养分损失少，氮素损失一般只有5%，而堆肥的氮素损失高达29%。沤肥的成分随沤制材料的种类及物料配比不同而异。据分析，沤肥的成分与厩肥相近。草塘泥的pH大多在6～7，全氮量为0.21%～0.40%，全磷量为0.14%～0.26%。

沤制方法与施用方法 以草塘泥为例：以塘泥为主，搭配稻草、绿肥和猪厩肥，塘泥占65%～70%，稻草占2%～3%，豆科绿肥10%～15%，猪厩肥20%左右，有时也可加入脱谷场上的有机废弃物等。冬、春季节取河泥，拌入切成20～30cm长的稻草，堆放田边或河边，风化一段时间。在田边、地角挖塘，塘的大小和深度根据需要而定，挖出的泥作塘埂，增大塘的容积，并防止肥液外流或雨水流入，塘底及土埂要夯实防漏。经风化的稻草、河泥按比例加入绿肥或猪厩肥等材料，于3～4月间运到塘中沤制，混合肥上要保持浅水层。经过1～2个月后，当塘的水层由浅色变成红棕色并有臭味时，沤制的肥料已经腐熟，即可施用。

腐熟的沤肥，颜色墨绿，质地松软，有臭气，肥效持久。沤肥的养分含量因材料种类和配比不同，差异较大，用绿肥沤制比草皮沤制的养分含量高。沤肥多用于水田作基肥，在蔬菜上大都用作基肥，每亩1600～2600kg。在定植前结合整地撒施后耕翻，防止养分损失。

沼肥(biogas fertilizer)

沼肥，是指动植物残体、排泄物等有机物料经沼气发酵后形成的沼液和沼渣肥料。它是作物秸秆、杂草树叶、生活污水、人畜粪尿等在密闭条件下进行嫌气发酵，制取沼气后的沉渣和沼液，残渣约占13%，沼液占87%左右。沼气发酵过程中，原材料有40%～50%的干物质被微生物分解，其中的碳素大部分分解产生沼气（即甲烷）被用作燃料，而氮、磷、钾等营养元素，除氮素有一部分损失外，绝大部分保留在发酵液和沉渣中，其中还有一部分被转化成腐植酸类的物质，沼肥是一种缓速兼备又具有改良土壤功能的优质肥料。制取沼气后的沉渣，其碳氮比明显变窄，养分含量比堆肥、沤肥高。沉渣的性质与一般有机肥料相同，属于迟效性肥料，而沼液的速效性很强，能迅速被作物吸收利用，是速效性肥料。其中铵态氮的含量较高，有时可比发酵前高2～4倍。一般堆肥中速效氮含量仅占全氮的10%～20%，而沼液中速效氮可占全氮量的50%～70%，所以沼液可看作是速效性氮肥。

施用方法　发酵池内的沉渣宜作基肥；沼液宜作追肥，也可作叶面喷肥，还可用于浸种、杀蚜；燃烧沼气还可增温、释放二氧化碳。

(1) 作基肥、追肥使用　二者的混合物作基肥时，每亩用量1600kg，作追肥时每亩1200kg，沼液作追肥时每亩2000kg，一般可结合灌水施用。旱地施用沼液时，最好是深施沟施6～10cm，施后立即覆土，防止氨的挥发。实践证明，在施肥量相同的条件下，深施比浅施可增产10%～12%，比地表施用增产20%。在栽培条件相同的情况下，施用沼气肥的蔬菜作物比施用普通粪肥增产幅度在10%以上，而且还可减少病虫害的发生。

① 西瓜　可配制营养土，取充分腐熟（3个月以上）沼渣3份与7份砂壤土拌和，用手捏成团，落地能散，然后装入纸杯，装至一半时压实，再填入一层松散的营养土至杯口1cm时，播种后覆土，用沼渣配制的营养土育苗，能有效地防治蔬菜立枯病、枯萎病、猝倒病及地下害虫；用1份沼液加2份清水作基肥喷洒瓜苗，移栽前一周，可将沼渣肥施入瓜穴，每亩施沼渣2500kg；从花蕾期开始，每10～15d施1次，每次施沼液2000kg，作大田追肥。

② 大蒜　作基肥时，每亩用沼渣2500kg，撒施后立即翻耕。

作面肥时，于播种时，在床面上开10cm宽、3～5cm深浅沟，沟间距15cm，沼液浇于沟中，浇湿为宜，然后播蒜，覆土。

作追肥时，于越冬前每亩用沼液1500kg，加水泼洒，可进行2次，但在立春后不可追沼液。

③ 石榴　以每亩栽植60株7年生的甜子石榴为例。3月底开始，每隔30d施1次沼液，共施4次。每次施肥均采用环状沟施法，在树冠滴水线处挖40～60cm深的环状沟，施入沼液后覆土。

④ 蘑菇　沼渣富含营养物质，且养分全面，质地疏松，保墒性能好，酸碱度适中，沼渣中的有机质、腐殖酸、粗蛋白、氮、磷、钾以及各种矿物质，能满足蘑菇的生长要求，是人工栽培食用菌的优质培养料。

⑤ 露地花卉　作基肥，提前半个月，结合整地，按1m^{2}施沼渣2kg，拌匀。若为穴施，视树大小，每穴1～2kg，覆土10cm，

然后栽植。名贵品种最好不放底肥，而改以疏松肥土垫穴，活后根基抽槽施肥。

追肥应根据需要从严掌握，不同的花卉品种其需肥吸肥能力不完全相同。因此，施用沼肥的方法应有不同。生长较快的花卉、草木花卉、观叶性花卉，可1月1次沼液，浓度为3份沼液7份清水；生长较慢的花卉、木本花卉、观花观果花卉，按其生育期要求，1份沼液加3份清水追肥。穴施，可在根梢处挖穴，采用沼液、沼渣混施，依树大小，0.5～5kg不等。

⑥ 盆栽花卉

a. 配制培养土　腐熟3个月以上的沼渣与分化较好的山土拌匀，比例为：鲜沼渣1kg、山土2kg，或者干沼渣1kg、山土9kg。

b. 换盆　盆花栽培1～3年后，需换土、扩钵，一般品种可用上法配置的培养土填充，名贵品种需另加少许山土降低沼肥含量。凡新植、换盆花卉，不见新叶不追肥（20～30d）。

c. 追肥　盆栽花卉一般土少树大，营养不足，需要人工补充。茶花类（山茶为代表）要求追肥稀、少，即浓度稀、次数少，每年3月至5月每月1次沼液，浓度为1份沼液加1～2份清水；季节花（月季花为代表）可1月1次沼肥，比例同上，至9～10月停止。沼肥种盆花，应计算用量，切忌性急，过量施肥。若施肥后，纷落老叶，视为浓度偏高，应及时水解或换土；若嫩叶边缘呈水渍状脱落，视为水肥中毒，应急脱盆换土，剪枝、遮阴养护。

⑦ 梨　应根据不同生育期确定不同的施肥量和施肥方法。

a. 幼树　生长季节，可实行一个月一次沼肥，每次每株施沼肥10kg，其中春梢肥每株应深施沼渣10kg。

b. 成年挂果树　以产定肥，基肥为主，按每生产1000kg鲜果需氮4.5kg、磷2kg、钾4.05kg计算（利用率40%）。

（a）基肥　占全年用量的80%，一般在初春梨树休眠期进行，方法是：在主干周围开挖3～4条放射状沟，沟长30～80cm，宽30cm，深40cm，每株施沼渣25～50kg，补充复合肥250g，施后覆土。

（b）花前肥　开花前10～15d，每株施沼液50kg加尿素50g，撒施。

（c）壮果肥　一般有两次，一次在花后1个月，每株加沼渣20kg或沼液50kg，加复合肥100g，开槽深施。第二次在花后2个月，用法用量同第一次，并根据树况树势，有所增减。

（d）还阳肥　根据树势，一般在采果后进行，每株用沼液20kg，加入尿素50g，根部撒施，还阳肥要从严掌握，控制好用肥量，以免引起秋梢秋芽生长。

梨树属大水大肥型果树，沼渣、沼液肥虽富含氮、磷、钾，但对于梨树来说，还是偏少。因此，沼渣、沼液肥种梨要补充化肥或其他有机肥。如果有条件实行全沼渣、沼液肥种梨，每株成年挂果树需沼渣沼液250～300kg（鲜沼渣占60%）。若采用叶面喷沼液的方法施肥，效果更好。

（2）叶面喷施　沼液富含多种作物所需的营养物质，因而适宜作根外追肥，其效果比化肥好，沼液喷施在作物生长季节都能进行。特别是当农作物以及果树进入花期、孕育期、灌浆期和果实膨大期，喷施效果明显，对水稻、麦类、棉花、蔬菜、瓜类、果树都有增产作用。沼液既可单施，也可与化肥、农药、生长剂等混合施。叶面喷施沼液，可调节作物生长代谢，补充营养，促进生长平衡，增强光合作用，尤其是施用于果树，有利于花芽分化，保花保果，使果实增重快，光泽度好，成熟一致，商品果率提高。

用沼液进行叶面喷肥，收效快，利用率高，24h内叶片可吸收附着喷量的80%左右。沼液要取正常产气1个月以上的沼气池内的沼液，澄清，用纱布过滤好，以防堵塞喷雾器，浓度不能过大，以1份沼液加1～2份清水即可，每亩用量40kg。喷施时，要选在早晨8～10点露水干后进行，夏季以傍晚为好，中午高温及暴雨前不要喷施，尽可能喷于叶片背面。一般可7～10d喷1次。

① 西瓜　初伸蔓开始，每亩施用10kg沼液加入30kg清水；初果期，每15kg沼液加入30kg清水；后期每20kg沼液加入20kg清水，可增强抗病能力，提高产量，对有枯萎病的地方，效果更

显著。

② 蘑菇　从出菇后开始，每平方米施用 500g 沼液加 1～2 倍清水，每天喷 1 次，可提高菇质，增加产量，增产幅度37%～140%。

③ 梨树　从初花期开始，结合保花保果，7～10d 1 次，至叶落前为止，用 1 份沼液加清水 1 份，可保花保果，促进果实一致，光泽度好，成熟期一致。采果后，还可坚持 3～4 次，有利于花芽分化和增强树体抗寒能力。

④ 水稻、小麦　喷施时间从抽穗开始，至灌浆结束，10d 喷 1 次，1 份沼液加 1 份清水，可增加实粒数，提高千粒重。

⑤ 葡萄　展叶期开始，至落叶期结束，7～10d 喷 1 次，1 份沼液加 1 份清水，可使果实膨大一致，增产 10%左右，兼治病虫害。

⑥ 棉花　全生育期均可进行，现蕾前沼液与清水的比例为 1∶2，现蕾后 1∶1，10d 喷 1 次，可增强抗病力，提高产量，兼治红蜘蛛、棉蚜。

⑦ 芦荟　如果芦荟长势瘦小，说明肥力不足，要及时追肥，按每亩 1500kg 沼液，采用随水追施和叶面喷施的方法，一般 15d 追施 1 次，夏季配合喷施（喷施用沼液总量的 5%）。追施采用沼液∶水为 1∶2，喷施采用沼液∶水为 1∶1，10d 喷 1 次（喷施用沼液需静置 1～2h 取上层澄清液）。

（3）沼液浸种　沼液浸种就是将农作物种子放在沼液中浸泡后再播种的一项种子处理技术。由于沼液中富含多种活性、抗性和营养性物质，利用沼液浸种具有明显的催芽、抗病、壮苗和增产作用。各地试验证明：沼液浸种对棉花炭疽病和玉米大小斑病具有较强的抑制作用。由于沼气池出料间的料液温度一般稳定在8～16℃，pH 在 7.2～7.6，有利于种子新陈代谢，因而经沼液浸种后芽齐芽壮，成苗率高，根系发达。对比试验材料表明：沼液浸种可使玉米增产 5%～10%，小麦增产 5%～7%。

① 沼液浸种注意事项

a. 沼液浸种要求选用上年生产的纯度高和发芽率高的新种，

最好不用陈种。

b. 用于沼液浸种的沼气池，一定要正常产气1个月以上，长期未用的沼气池中的沼液不能浸种用。

c. 浸种时间根据地区、品种、温度灵活掌握，浸种时间不可过长，以种子吸足水分为好。

d. 沼液浸过的种子，都应用清水淘净，然后播种或者催芽。沼液浸种会改变某些种壳的颜色，但不会影响发芽。

e. 注意安全，池盖应及时还原，以防人畜掉入池内。

② 沼液浸种技术要点

a. 晒种　为了提高种子的吸水性，沼液浸种前，将种子晒1～2d，清除杂物，以保证种子的纯度和质量。

b. 装袋　选择透水性好的编织袋或布袋将种子装入，每袋装15～20kg，并留出适当空间，以防种子吸水后涨破袋子。

c. 清理沼气池出料间　将出料间浮渣和杂物尽量清除干净，以便于浸泡种子。

d. 浸种　准备好一根木杠和绳子，将木杠横放在水压间上，再将绳子一端系住口袋，另一端固定在木杠上，使种袋放入水压间并保证整个袋子能被沼液淹没。要注意农户使用沼气后水压间液面要下降，此时沼液也能淹没种子。有些浸泡时间较短（12h以内）的，可以在盛有沼液的容器中进行。

e. 清洗　沼液浸种结束后，应将种子放在清水中淘净，然后播种或者催芽。

(a) 小麦浸种　小麦沼液浸种适宜土壤墒情较好时应用。具体做法是在播种前一天，浸种12h后清水洗净，即可播种。若抗旱播种（土壤墒情差），则不应采用沼液浸种。

(b) 玉米浸种　玉米沼液浸种12～16h，清水洗净，晾干后即可播种。

(c) 棉花浸种　包衣种不必采用沼液浸种，非包衣种浸种18～24h。浸种时注意在种子袋内放石头，以防种袋浮起，浸好后取出，沥去水分，用草木灰拌和并反复轻搓，使其成为黄豆粒状即可用于播种。

（d）甘薯、马铃薯浸种　甘薯、马铃薯沼液浸种 4h，可将种子装入缸、桶容器中，取沼液浸泡，液面超过上层种子 6cm。浸种结束后，清水洗净，然后催芽或者播种。

（e）花生浸种　花生沼液浸泡 4～6h，清水洗净，晾干后即可播种。

（f）瓜类、豆类浸种　瓜类、豆类沼液浸泡 2～4h，清水洗净，晾干后播种或者催芽。

（4）沼液防治病虫害　沼液中含有许多种生物活性物质，如氨基酸、微量元素、植物生长刺激素、B族维生素和某些抗生素等。其中有机酸中的丁酸和植物激素中的赤霉素、吲哚乙酸以及维生素 B_{12} 对病菌有明显的抑制作用。沼液中的氨和铵盐、某些抗生素对作物的虫害有着直接作用。

沼液因防治病虫害无污染、无残毒、无抗药性而被称为“生物农药”。实验表明，沼液对粮食、经济作物、蔬菜、水果等 13 种作物中的 23 种病害和 4 种害虫有防治作用，有的单用沼液就已达到或超过药物的功效，有的加大强化了药物的防治效果。沼液防治农作物病虫害主要通过沼液浸种、施用沼肥作底肥和追肥。

① 防治果树螨、蚧和蚜虫　取沼液 50kg，双层纱布过滤，直接喷施，10d 喷 1 次，发虫高峰期，连治 2～3 次，若气温在 25℃，应在下午 5 时后进行。如果在沼液中加入（1∶1000）～（1∶3000）的甲氰菊酯，灭虫卵效果更为显著，且药效持续时间 30d 以上。

② 防治玉米螟　用沼液 50kg，加入 2.5％溴氰菊酯乳油 10mL 搅匀，灌玉米心叶。

③ 防治蔬菜蚜虫　每亩取沼液 30kg，加入煤油 50g、洗衣粉 10g，喷雾。也可于晴天温度较高时，直接泼洒。

④ 防治麦蚜　每亩取沼液 50kg，加入乐果数滴，晴天露水干后喷洒。若 6h 以内遇雨，则应补治 1 次。蚜虫　28h 失活，40～

50h 死亡，杀虫率 90%。

⑤ 防治豆类蚜虫　准备两只洗净粪桶、喷雾器一个、煤油 2.5g、洗衣粉 50g。先将 50g 洗衣粉充分溶于 500g 水中，然后将溶好的洗衣粉水和 2.5g 的煤油倒入喷雾器中，再取过滤沼液 14kg 倒入喷雾器中，充分搅拌后，就成了沼气复方治虫剂。将此剂均匀地喷在有蚜虫危害的豆类作物上，每亩喷 35kg。如遇蚜虫危害严重时，第二天再喷 1 次，注意选择晴天治虫，效果更佳。

（5）向大棚内的农作物供应二氧化碳“气肥”　利用沼气燃烧后排放二氧化碳的特性，可向大棚内的农作物供应二氧化碳气肥，促进增产。

温室蔬菜增施二氧化碳气肥后，可以促进蔬菜的营养生长。可使黄瓜的雌花增多，坐果率增加，结果率可提高 27.1%，总产量可增长 31%；番茄和青椒在定植后开始增施二氧化碳气肥，番茄较对照可平均增产 21.5%，青椒较对照增产 36%。同时，蔬菜的品质也得到改善。经对黄瓜和番茄果实进行分析，果实中维生素 C 和可溶性糖的含量均有显著增加。

燃烧 $1m^3$ 的沼气可产生 $0.97m^3$ 的二氧化碳气体。燃烧沼气释放二氧化碳和增温，一般是每 $100m^2$ 设置一个沼气灶，或者每 $50m^2$ 设置一盏沼气灯。日光温室内燃烧沼气要经过脱硫处理。在植株叶面积系数较大的温室内、需要长时间通风的情况下，应在日出后 30min 左右点燃沼气灯，沼气点燃施放二氧化碳的平均速度为 $0.5m^3/h$ 左右，据此计算出不同体积温室增施二氧化碳所需燃烧沼气的时间。一般采取断续施放的方法，每施放 10～15min，间歇 20min，在放风前 30min 停止施放。

“四位一体”模式（北方的“四位一体”能源生态模式是把沼气池、厕所、猪舍和日光温室优化组合，使之相互依存，优势互补，实现农业生产良性循环的一种生产模式）内利用沼气进行二氧化碳施肥的具体技术是：以沼气灯作为施气工具，春冬两季每天日出后 30min，在日光温室内点沼气灯 1h，待室温升到 25～30℃时即开棚放风。一个长度为 30～50m 的温室，可点沼气灯 6 盏（1h

后，室内二氧化碳浓度可提高500～1000mg/kg)。

在温室中使用沼气应注意以下几点：一是点燃沼气灯、沼气灶应在凌晨气温较低时进行；二是施放二氧化碳气肥后，蔬菜光合作用加强，水肥管理必须及时跟上，这样才能取得较好的增产效果；三是沼气灶在棚内燃烧时间不能太长，否则过多的二氧化碳气肥反而会对作物生长不利；四是不能在温室大棚内堆沤沼气发酵原料，否则会释放氨气等对作物有毒害的气体；五是在日光温室内燃烧沼气要经过脱硫处理。

注意事项

① 沉渣、沼液出池后不要立即施用　沼气肥的还原性强，出池后若立即施用，会与作物争夺土壤中的氧气，影响种子发芽和根系发育，导致作物叶片发黄、凋萎。沼气肥出池后，一般先在贮粪池中存放5～7d后施用。

② 沼液不能直接作追肥　沼液不宜对水直接施在作物上，尤其是用来追施幼苗，会使作物出现烧伤现象。作追肥时，要先对水，一般对水比例为1∶1。

③ 不要表土撒施　沼肥施于地表，两天后不覆土，铵态氮损失达50%以上，故应提倡深施，施后覆土，水田应开沟深施使泥肥混合，旱作可用沟施或穴施，以防肥效损失。

④ 不要过量施用　施用沼气肥的量不能太多，一般要少于普通猪粪肥。若盲目大量施用，会导致作物徒长，行间郁闭，造成减产。

⑤ 不能与草木灰、石灰等碱性肥料混施　草木灰、石灰等碱性较强，与沉渣、沼液混合，会造成氮肥的损失，降低肥效。

堆肥(compost)

堆肥是指以动植物的残体、排泄物等为主要原料堆制发酵腐熟而成的肥料。堆肥是农家肥料的主要品种，在人工控制下，在一定的温度、湿度、碳氮比和通风条件下，利用自然界广泛分布的细菌、放线菌、真菌等微生物的发酵作用，人为地促进可生物降解的有机物向稳定的腐殖质生化转化的微生物学过程，即人们常说的有机肥腐熟过程。粪便经过堆沤处理后，可有效地杀死粪便中的病原菌、寄生虫卵及杂草种子等，防止病虫草害的发生。

施用方法 腐熟后的堆肥富含有机质，碳氮比窄，肥效稳，后效长，养分全面，是比较理想的有机肥料品种。此外，优质的堆肥中还含有维生素、生长素以及各种微量元素养分。长期施用堆肥可起到培肥改土的作用。蔬菜作物由于生长期短，需肥快，应施用腐熟堆肥。

堆肥的施用与厩肥相同。一般作基肥结合耕翻时施入，使土肥相融，以便改良土壤和增加土壤养分。堆肥适用于各类土壤和各种作物。堆肥的施用量为每亩 1500～2500kg。

饼肥（cake fertilizer）

饼肥，是指含油较多的植物种子经压榨去油后的残渣制成的肥料。大豆、花生、芝麻、油菜、桐籽、茶籽、棉籽、菜籽、向日葵榨油后的种种渣质都可做成饼肥，它是一种优质的有机肥料。

施用方法 饼肥是一种养分丰富的有机肥料，肥效高并且持久，适用于各种土壤和作物，一般多用在蔬菜、花卉、果树等附加值高的园艺作物上，可作基肥和追肥。

（1）饼肥可作基肥，也可作追肥 施用前应打碎，作基肥时，可直接用也可沤制发酵后再用，在定植前 5～7d 施用。以施在土壤 10～20cm 深为宜，不要施在地表，也不可过深。但是饼肥作种肥时必须充分腐熟，因为在发酵过程中要发热，会烧根而影响种子发芽，或者与堆沤过的有机肥一同施入土中作基肥，这样比较安全。作追肥时，也应经过发酵，没有经过发酵的饼肥，肥效很慢，会失去追肥的最佳时机。

（2）施用方法 在植株定植时使用，先挖好定植穴，每穴施入腐熟的饼肥 100g 左右，与土壤混合均匀后再定植。据调查，这种施肥方法，可使蔬菜产量增加10%～20%，而且产出的蔬菜商品性好，品质佳，尤其在黄瓜、番茄上使用增产效果很显著。此外，还可以与基肥一起混施，其用量根据作物、土壤肥力而定，土壤肥力低和耐肥品种宜适当多施；反之，应适当减少施用量。一般中等肥力的土壤，黄瓜、番茄、甜（辣）椒等每亩施100kg左右。

（3）施用时期　作瓜类茄果类基肥宜在定植前7～10d施用，作追肥一般可在结果后5～10d在行间开沟或穴施，施后盖土。

（4）综合利用　大豆饼、花生饼、芝麻饼等含有较多的蛋白质及一部分脂肪、营养价值较高，可将其作为牲猪饲料，通过养猪积肥，既可发展养猪业，又可提供优质猪粪肥。还有些油饼含有毒素，如菜饼、茶籽饼、桐籽饼、蓖麻饼，不宜作饲料，但可以用作工业原料。如茶籽饼含有13.8%的皂素，在工业上可作为洗涤剂和农药的湿润剂，应先提取皂素后再作肥料。茶籽饼的水溶液能杀死蚜虫，也可先作农药后肥田。

注意事项　最好与生物菌肥混用，生物菌肥中的有机态氮、磷更有利于被作物吸收利用。由于饼肥中营养元素比较单一，而且为迟效性肥料，因此，在使用时，应注意配合施用适量的有机肥，尽量不要与化肥混用，以免引起植物徒长或植物烧根。饼肥数量有限时，应优先用于瓜菜和经济作物上。

绿肥（green manure）

绿肥是新鲜植物体未经发酵直接作为肥料使用。绿肥按照来源可分为栽培绿肥和野生绿肥，按照植物学科分可分为豆科绿肥、非豆科绿肥，按照生长季节可分为冬季绿肥、夏季绿肥，按照生长期长短可分为一年生、越年生和多年生绿肥，按照生长环境可分为水生绿肥和旱生绿肥。

施用方法

（1）直接翻耕　绿肥直接翻耕以作基肥为主，间、套种的绿肥也可就地掩埋作为主作的追肥。翻耕前最好将绿肥切短，稍经曝晒，让其萎蔫，然后翻耕。先将绿肥茎叶切成10～20cm长，然后撒在地面或施在沟里，随后翻耕入土壤中，一般入土10～20cm深，砂质土可深些，黏质土可浅些。

（2）堆沤　加强绿肥分解，提高肥效，蔬菜生产上一般不直接用绿肥翻压，而是多用绿肥作物堆沤腐熟后施用。

（3）作饲料用　绿肥绿色体中的蛋白、脂肪、维生素和矿物质，并不是土壤中不足而必须施给的养料，绿色体中的蛋白质在没有分解之前不能被作物吸收，而这些物质却是动物所需的营养，利用家畜、家禽、家鱼等进行过腹还田后，可提高绿肥利用率。

收割与翻耕适期　多年生绿肥作物一年可收割几次，翻耕应掌握在鲜草产量最高和肥分含量最高时进行。翻耕过早，虽易腐烂，但产量低，肥分总量也低；翻耕过迟，腐烂分解困难。一般豆科绿肥植株适宜的翻压时间为盛花期至谢花期，禾本科绿肥最好在抽穗期翻压，十字花科绿肥最好在上花下荚期翻压。间、套种绿肥作物的翻压时期，应与后茬作物需肥规律相吻合。

翻耕深度与施肥量　翻耕深度应考虑微生物在土壤中旺盛活动的范围，一般以翻耕入土10～20cm较好，旱地15cm，水田10～15cm，盖土要严，翻后耙匀，并在后茬作物播种前15～30d进行。还应考虑气候、土壤、绿肥品种及其组织老嫩程度等因素。土壤水分较少、质地较轻、气温较低、植株较嫩时，耕翻宜深，反之宜浅。

施用量要根据作物产量、作物种类、土壤肥力、绿肥的养分含量等确定。一般每亩1000～1500kg基本能够满足作物的需要，施用量过大，可能造成作物后期贪青迟熟。

防止毒害作用　绿肥在分解过程中产生的有害作用有如下几点。

一是绿肥在分解时需要消耗大量水分，如在干旱季节或干旱土壤施用绿肥，施后往往易使作物因缺水而呈枯萎状态。

二是绿肥在分解过程中会产生某些有害的有机酸等物质，并容易使土壤缺氧，影响种子发芽和根系的生长，特别是幼苗根系的生长。水生蔬菜田施用过多的绿肥，常使水生蔬菜在生育初期受害，导致叶色发黄，根部生长受阻，严重时根系发黑腐烂。绿肥施后的2周内容易对作物产生毒害，应引起注意。

三是在绿肥分解过程中，微生物需要吸收一定的氮素来组成它自身的细胞体，因此可能发生微生物与作物争夺氮素的现象，致使作物得不到足够的氮素。

因此，绿肥用量不宜过大，特别是排水不良的水生蔬菜田尤应注意控制用量，提高翻耕质量，犁翻后精耕细耙，造成土肥相融，有利于绿肥分解。配合施用石灰，加强绿肥分解。若已出现中毒性发僵时，每亩可施用石膏粉1.5～2.5kg。

草木灰(plant ash)

植物（草本和木本植物）燃烧后的残余物，称为草木灰。因草木灰为植物燃烧后的灰烬，所以凡是植物所含的矿质元素，草木灰中几乎都含有。

分子式和分子量　K_2CO_3，138.20

施用方法

（1）作基肥　一般每亩用量300kg左右。以集中施用为宜，采用条施和穴施均可，深度8～10cm，施后覆土。施用前先拌2～3倍的湿土或以少许水分喷湿后再用，但水分不能太多，否则会使养分流失。甘薯、马铃薯用草木灰作基肥，可增产15%左右。

（2）作追肥　于甘薯、马铃薯的膨大期穴施，可增产10%～15%；对于部分移栽作物（辣椒、甘薯）可在移栽时按草木灰∶水为1∶3的比例拌匀后蘸根，可增加产量5%～10%；用新的草木灰2～3kg加水50kg拌均匀，浸泡8～12h，取澄清液喷西瓜叶蔓，可增产10%以上，糖度可提高0.8～1度；在油菜、甘薯、马铃薯生长的中后期，每亩用草木灰50～75kg，制成15%～20%浸出液喷施，可增产15%～20%。叶面撒施要选用新鲜且过筛的草木灰，叶面喷施要选用新鲜的草木灰澄清液，以提高肥效增加药效。

（3）作盖种肥　在蔬菜育苗时，把适量新鲜的草木灰撒于苗床上，可提高地温2～3℃，减轻低温引起的烂苗现象，促进早出苗，出壮苗。作种肥时，肥量不能过大并应与种子隔离，以防烧种。亩用量一般以50～100kg为宜。

（4）防治病虫害

① 防治蚜虫、红蜘蛛　用10kg草木灰加水50kg，浸泡一昼夜，取滤液喷洒，可防治蔬菜上的蚜虫。露水未干时在蔬菜上追撒新鲜草木灰可有效防治蚜虫、菜青虫等害虫。

② 防治韭菜、大蒜根蛆、蛴螬　发现韭菜、大蒜有根蛆危害时，用草木灰撒在叶上可防治其成虫。葱、蒜、韭菜行距较宽的，在根的两侧开沟，深度以见到根为限，将草木灰均匀地撒入沟内；行距较窄的，草木灰可施入地表，然后用钉齿锄耕锄，使草木灰与土充分混合，不但能有效地防治根蛆，而且又增施了钾肥，可提高产量。栽种马铃薯时，将薯块蘸草木灰后再下地，对蛴螬有较好的防治作用。

（5）贮藏保鲜

① 保鲜辣椒　在竹筐或其他贮藏器具的底层放一层草木灰再铺一层牛皮纸，然后一层辣椒一层草木灰，放在比较凉爽的屋里贮藏（注意：贮存过程中不能有水浸入草木灰），保鲜期可达四五个月。

② 贮藏种子　把瓦罐、瓦缸等贮具准备好，洗净擦干，然后用草木灰垫在底部，上面铺一层牛皮纸，把种子放在牛皮纸上，装好后用塑料薄膜封口，贮存效果良好，有利齐苗、全苗、壮苗。也可将甜瓜、黄瓜、辣椒等剖开后，将瓜子扒出与干净的草木灰做成1∶4的灰饼（瓜子∶草木灰＝1∶4）贴在墙上。

③ 贮藏薯类　用干燥新鲜的草木灰覆盖芋头或马铃薯，可有效地防止腐烂，贮藏保鲜期可达半年。方法是：先将无伤口的芋头或马铃薯放在悬空的木板或木排上，厚度不能超过45cm，然后用草木灰覆盖，草木灰不能少于5cm。干燥的草木灰吸水性和吸收二氧化碳能力强，又具有良好的散热性，加之碱能力强，可以杀死细

菌，防止腐烂。

④ 沙藏西瓜　在收西瓜时留3个以上蔓节，在剪断蔓节时及时蘸上草木灰，能防止细菌从切口侵入，有利于西瓜保鲜。

(6) 处理种子

① 拌种　用草木灰拌种，既能为苗期提供钾素养分，又有抗倒伏防治病虫害的作用。方法是：先将种子用水喷湿，然后按每100kg种子加5kg草木灰拌匀种子，使每粒种子表面都沾有草木灰，即可播种。

② 种子消毒　马铃薯栽培时将薯块切好后拌上草木灰，然后下种，既能杀菌消毒，又能防治地下害虫。甘薯育苗时，将薯种用10%的草木灰浸出液浸种0.5～1h，能防止在畦内烂种。瓜类及豆类蔬菜种子在育苗或播种前用10%的草木灰浸出液，浸种1～2h，能杀灭病原菌，使种子发芽快，出苗齐，生长健壮。

(7) 在大棚蔬菜生产中的应用　当棚内湿度过大时，可撒一层草木灰吸水降湿；在大棚内撒施草木灰，能为蔬菜直接提供养分；蔬菜生长期，用10%的草木灰浸水叶面喷施，有利于增强植株的抗逆性；大棚蔬菜施用草木灰，能抑制蔬菜秧苗猝倒病、立枯病、沤根等，还能有效防治芹菜斑枯病、韭菜灰霉病等多种病害的发生；大棚蔬菜连作时间过长，土壤易板结，增施草木灰可疏松土壤，防止板结，增加土壤肥力。

(8) 中和土壤酸性及调节沼液pH值　草木灰含氧化钙5%～30%，在微酸和酸性土壤上施用草木灰，不仅补充了植物的钾素养分，而且中和了土壤有害酸性物质，增加了土壤钙素，有利于恢复土壤结构。新建沼气池和沼气池大换料时，经常会出现沼气池内料液偏酸的情况，产生的气体不能燃烧，此时，可用pH试纸查出偏酸的程度，可视酸性程度加适量的草木灰，很快就会运转正常。

(9) 覆盖平菇培养基　早春播种平菇，因气温低，菌丝发育慢，易被杂菌污染，若在表面撒一层草木灰，能加强畦床的温室效应，促进菌丝发育；草木灰还能为菌丝提供一定养分，并能成为抑制杂菌生长的一道屏障。早春播种用草木灰覆盖，可使出菇期提早

10d，增产20%左右。

注意事项

(1) 宜单独施用　草木灰不能与铵态氮肥、腐熟的有机农家肥（人粪尿、家禽粪、厩肥、堆沤肥等）混用，也不能倒在猪圈、厕所中贮存，以免造成氮素挥发损失。草木灰含氧化钙和碳酸钾，呈碱性反应，不宜在盐碱地施用，适宜在酸性土壤中施用，特别是酸性土壤上施于豆科作物，增产效果十分明显。

(2) 应优先作物　草木灰适用于各种作物，尤其适用于喜钾或喜钾忌氯蔬菜，如马铃薯、甘薯、油菜、甜菜等。草木灰用于马铃薯，不仅能用于土壤施用，而且能用于蘸涂薯块伤口，既可当种肥，又可防止伤口感染腐烂。

泥炭（peat soil）

泥炭，又称草炭、草煤、泥煤和草筏等，是古代沼泽植物埋葬于地下，在一定气候、水文、地质条件下形成的，在我国分布较广，蕴藏量颇为丰富。泥炭是一类重要的有机肥源，也是制造腐植酸肥料的重要原料。

泥炭在农业上的应用

(1) 直接作基肥　选择分解程度高、养分含量高、酸度较小的泥炭，挖出后经适当晾晒，使其还原性物质得以氧化，粉碎后直接作基肥施用。与化肥混合施用可提高肥效。在蔬菜上应用，一般每亩菜地施用5000～10000kg。泥炭酸度较大，在酸性土壤地区施用泥炭应注意配施石灰。

(2) 泥炭垫圈　泥炭用作垫圈材料可充分吸收粪尿和氨，故能制成质量较好的圈肥，并能改善牲畜的卫生条件。垫圈用的泥炭要预先风干打碎，含水量在30%为宜，过干使泥炭碎屑易于飞扬，过湿使其吸水吸氨能力降低。

(3) 泥炭堆肥　畜粪尿与泥炭混堆制粪肥能提供有机氮，为微生物创造分解有机碳、氮的有利条件，并能降低泥炭的酸度。而泥炭具有较高的有机质，能保持粪肥的肥水和氨态氮。高、中、低位泥炭都可以与粪肥混合制成堆肥，两者比例根据堆制时期和粪肥质量而定。秋冬堆制质量高的泥炭堆肥，宜按1∶1配比；夏季堆制，以1份粪肥加3份泥炭堆制。

（4）制造腐植酸混合肥料　由于泥炭含大量的腐植酸，其速效养分较少。将泥炭与碳铵、氨水、磷钾肥或微量元素等制成粒状或粉状混合肥料，可以减少挥发性氮肥中氨的损失。氨化腐植酸，既可增加泥炭中磷、锌等微量元素成分，又可防止磷和某些微量元素在土壤中的固定，以提高肥效。

（5）配制泥炭营养钵　目前，国内外在蔬菜生产上大力推广的工厂化育苗就是以泥炭为培养基质的。在设施蔬菜栽培中，用泥炭代替马粪育苗，可刺激根系生长，增加茎粗和叶片的鲜重及干重，移苗后不需缓苗。泥炭有一定的黏结性和松散性，并有保水、保肥和通气、透水等特点，有利于幼苗根系生长，生产上常将泥炭制成营养钵育苗。一般利用中等分解度的低位泥炭可制成育苗营养钵。将肥料充分拌匀后，加入适量水分（以手挤不出水为宜），然后压制成不同的营养钵或营养盘。育苗营养钵的材料配比为：泥炭（半干）60%～80%，腐熟人畜粪肥10%～20%，泥土10%～20%，过磷酸钙0.1%～0.4%，硫酸铵和硝酸铵0.1%～0.2%，草木灰和石灰1.0%～2.0%。

（6）作为微生物菌肥的载菌体　将泥炭风干、粉碎，调整其酸度，灭菌后即可接种制成各种菌剂。如豆科根瘤菌剂、固氮菌剂、磷细菌和“5406”菌肥等，都可用泥炭作为扩大培养或施用时的载菌体。

（7）制作泥炭营养土　泥炭营养土由泥炭破碎、添加少量矿质营养物质混合而成，灰黑色粉剂或颗粒状，不溶于水，但有较好的吸水和保水能力，pH值6.0左右。泥炭营养土是一种理想的植物培养基质，其容重仅为自然土壤的一半，代换量、持水性和耐肥力却比普通土壤高1倍，缓冲性能强，pH值较稳定，能适应多数植物正常生长。

制作方法：将选用的泥炭除去机械杂物，进行干燥、破碎，然后在混合机中与添加的无机养分混合，化肥与泥炭重量比一般控制在1∶200，生产中应注意混合均匀后再装袋。产品质量指标见表10。

表10　普通型泥炭营养土质量指标

指标名称	指标	指标名称	指标
pH值	5.5～6.5	容重/(t/m^3)	0.5～0.6
水分/%	25～30	含N/%	3～6
有机质含量(干基)/%	30～35	含P_2O_5/%	3～5
灰分(干基)/%	65	含K_2O/%	5～7
腐植酸含量(干基)/%	5～10	Fe、Mn、Zn、Cu、B、Co	适量

泥炭营养土可以单独或与适量的自然土、沙、蛭石等掺混施用，主要用于蔬菜、花卉等作物栽培的营养土。适合大多数花卉，尤其是喜酸花卉。在蔬菜等作物育秧方面，其pH值和营养条件更适合秧苗生长，与石灰性土壤相比，秧苗的生长远比后者优越。在设施蔬菜上施用，不仅可以提高温室利用率，还可以节约劳动力，使经济价值提高约40%。与常规方法相比，可增产20%～30%，还能提早上市。

商品有机肥(organic fertilizer)

商品有机肥料，主要来源于植物和（或）动物，经过发酵腐熟的含碳有机物料，其功能是改善土壤肥力，提供植物营养，提高作物品质。

质量标准　执行农业行业标准NY 525—2012。

施用方法　商品有机肥与粪肥同样能够改良土壤，但施用方法不一样。

(1) 底肥要足量　商品有机肥已经过无害化处理，不会像粪肥那样产生烧根熏苗的情况。因此，使用商品有机肥时要使用足够的数量。有机肥施用要适量，应根据土壤肥力、作物类型和目标量确定合理的用量，一般用量每亩300～500kg。有机肥养分含量低，在含有多种营养元素的同时还含有多种重金属元素，过量施用也会产生危害，主要表现为烧苗、土壤养分不平衡、重金属等有害物质积累污染土壤和地下水等，也会影响农产品品质。

（2）穴施沟施要正确　有机肥料可以作追肥。由于有机肥肥效长，养分释放缓慢，一般应作基肥施用，结合深耕施入土层中，有利于改良和培肥土壤。穴施或沟施商品有机肥要与植株根系保持一定的距离。若有机肥沟施以后植株定植在有机肥的正上方，随着根系的下扎，根系遇到肥料集中的地方就被烧坏，导致植株生长不正常。因此，当商品有机肥采取穴施或沟施等集中施用的方式时，应与根系保持一定的距离。比如在两行蔬菜的中间沟施，也可在两棵植株间穴施。

（3）有机、无机合理搭配施用　有机肥与化肥之间以及有机肥料品种之间应合理搭配，才能充分发挥肥料的缓效与速效结合的优点。有机肥料中虽然养分含量较全，但含量低，而且肥效慢，与速效性的化肥配合施用，可以互为补充，使作物整个生育期有足够的养分供应，而不会产生前期营养供应不足或后期脱肥现象。

此外，在有机食品生产中使用商品有机肥时要注意：市场上的商品有机肥很多，据了解，许多均不是名副其实的，对于外购的商品有机肥用于有机食品生产，有机标准是有规定的，要通过有机认证或经认证机构许可。对于未经认证的商品有机肥的使用，必须首先获得认证机构的认可，申请者往往在使用时会忽视事先申报，因此，检查员在检查时会将外购商品肥作为重点检查对象之一。凡是氮、磷、钾含量过高，一般情况下如果总量超过6%，特别是超过8%的，必须调查清楚其成分，尤其要了解是否是掺有化肥的复合肥。对于农场向邻近农民或养殖场购买的非商品化有机肥（农家肥或堆肥）的成分和堆制过程是否符合标准的规定，一则需要生产者自己注意控制，二则检查员在检查现场也可依据认证机构的评估规定进行判断。

第六章 

新型肥料使用技术

新型肥料，是指以能提供植物矿质养分的物质为基础，通过物理、化学或生物转化作用，使土壤和作物的营养功能得到增强的肥料。其主要功效是提高养分利用效率和改善养分利用条件，是我国肥料行业未来发展的方向。其品种有缓控释肥料，包括树脂包衣肥料、硫包衣肥料、包裹型肥料、脲醛肥料等具有缓释、控释作用的肥料；含脲酶抑制剂、硝化抑制剂的稳定性肥料；用于叶面施肥、灌溉施肥的水溶性肥料；含有附加功能的功能性肥料，包括保水肥料、根际肥料、根系调控肥料、增强抗倒伏功能的肥料，以及增强防病害功能的肥料等；商品化有机肥料；具有生物活性的微生物肥料及生物有机肥料；含养分增效剂的增值（效）肥料；有机无机复混肥料等。

第一节　微生物肥料

微生物肥料，是指含有特定微生物活体的制品，应用于农业生产，通过其中所含微生物的生命活动，增加植物养分的供应量或促进植物生长，提高产量，改善农产品品质及农业生态环境的肥料。微生物肥料与无机肥料（化肥）、有机肥料并列，是我国具有严格产品质量标准、规范登记许可管理的三大类肥料之一。

微生物肥料目前包括农用微生物菌剂、生物有机肥、复合微生物肥料等 3 种主要产品类型。

微生物肥料的功能核心是其中的活体微生物，产品所含的载体物质、添加剂等只起到辅助作用；微生物肥料的功能是通过其中所含微生物的生命活动来实现的，因此，功能菌株是微生物肥料的技术核心。微生物肥料不同于其他直接提供养分的肥料，以功能菌数量而不是以养分含量作为主要技术指标。微生物肥料除具有增加植物养分这一基本功能之外，还具有促进植物生长、提高农产品品质、改善农业生态环境等多种功能。由于微生物肥料功能菌株的多样性，微生物肥料在产品类型、功能特性、作用机制、应用方法等各个方面都比化肥复杂得多。微生物肥料与无机肥料（化肥）、有机肥料是农业生产中不可或缺的 3 类肥料，各有优势、各有不足，相互不可替代，配合使用才能收到好的效果。

根瘤菌肥（rhizobium fertilizer）

根瘤菌肥料，是指用于豆科作物接种，使豆科作物结瘤、固氮的接种剂。复合根瘤菌肥料以根瘤菌为主，加入少量能促进结瘤、固氮作用的芽孢杆菌、假单胞细菌或其他有益的促生微生物的根瘤菌肥料，称为复合根瘤菌肥料。加入的促生微生物必须是对人畜及植物无害的菌种。目前我国应用根瘤菌肥料较广泛的作物主要有花生、大豆、苕子、紫云英等。

质量标准 执行农业行业标准 NY 410—2000。

施用方法

（1）拌种 根瘤菌肥料作种肥比追肥好，早施比晚施效果好，多用于拌种。根据使用说明，选择类型适宜的根瘤菌肥料，将其倒入内壁光洁的瓷盆或木盆内，加少量新鲜米汤或清水调成糊状，放入种子混匀，捞出后置于阴凉处，略风干后即可播种。最好当天拌种，当天种完，也可在播种前一天拌种。也可拌种盖肥，即把菌剂对水后喷在肥土上作盖种肥用。

根瘤菌的施用量，因作物种类、种子大小、施用时期和菌肥质量而异，一般要求大粒种子每粒黏附10万个、小粒种子黏附1万个以上根瘤菌为标准。质量合格的根瘤菌肥（每克菌剂含活菌数在1亿～3亿个以上），每亩施用量为1～1.5kg，加水0.5～1.5kg混匀拌种。为了使菌剂很好地黏附在种子上，可加入40%阿拉伯胶或5%羧甲基纤维素等黏稠剂。正确使用根瘤菌肥料可使豆科蔬菜增产10%～15%，在生茬和新垦的菜地上使用效果更好。

在种植花生时，使用花生根瘤菌肥料拌种，是一项提高花生产量的有效技术措施。据田间试验测试，用根瘤菌肥料拌种的平均亩产282.5kg，未拌菌肥的对照组产量为241kg，平均每亩净增产41.5kg。

（2）种子球法　先将根瘤菌剂黏附在种子上，然后再包裹一层石灰，种子球化可防止菌株受到阳光照射、降低农药和肥料对预处理种子的不利影响。常用的包衣材料主要是石灰，还可以混入一些微量元素和植物包衣剂等。具体方法为：将100g阿拉伯胶溶于225mL热水中，冷却后将70g菌剂混拌在黏着剂中，包裹28kg大豆种子，然后加入3.4kg细石灰粉，迅速搅拌1～2min，即可播种。18℃以下可贮藏2～3周。

（3）土壤接种　颗粒接种剂配合磷肥、微肥同时使用，不与农药和氮肥同时混用，特别是不可与化学杀菌剂混施。种子萌发长出的幼根接触到菌剂，为提高接种菌的结瘤率和固氮效率，研究表明，将拌种方式改为底施，特别是将菌剂施用在种子下方5～7cm处，增产幅度超过拌种，有的较拌种增产2倍以上。

（4）苗期泼浇　播种时来不及拌菌或拌菌出苗20多天后没有结瘤的可补施菌肥，即将菌剂加入适量的稀粪水或清水，一般1kg菌剂加水50～100kg，苗期开沟浇到根部。补施菌肥用量应比拌种用量大4～5倍。泼浇要尽量提早。

根瘤菌肥供应不足的可用客土法。客土法是在豆科作物收割后取表土放入瓦盆内，下次播种时每亩用此客土7.5kg，加入适量的磷肥、钾肥拌匀后拌种。

注意事项

① 拌种时及拌种后要防止阳光直接照射菌肥，播种后要立即覆土。

② 根瘤菌是喜湿好气性微生物，适宜于中性至微碱性土壤(pH6.7～7.5)，应用于酸性土壤时，应加石灰调节土壤酸度。

③ 土壤板结、通气不良或干旱缺水，会使根瘤菌活动减弱或停止繁殖，从而影响根瘤菌肥效果，应尽量创造适宜微生物活动的土壤环境，如良好的湿度、温度、通气条件等，以利豆科作物和根瘤菌生长的共生固氮作用。根据试验，主、侧根的感染菌的活性一般在接种后10d内最高，所以在这段时间内要求土壤水分在田间持水量40%～80%，以利根瘤菌侵染。

④ 应选与播种的豆科作物一致的根瘤菌肥料，如有品系要求更需对应，购买前一定要看清适宜作物。如大豆根瘤菌肥只能用于大豆，用于豌豆无效；反之亦同。

⑤ 可配合磷肥、钾肥、微量元素（钼、锌等）肥料同时使用，不要与农药、速效氮肥同时混用，特别是不可与化学杀菌剂混施。

前期要施用少量氮肥供应作物苗期氮肥需求，磷肥可施用磷酸二铵，过磷酸钙中的游离酸对根瘤有害，所以不宜将菌肥与过磷酸钙拌种，同时配合施用钾肥。

钙肥：在酸性土壤中施用少量石灰，在碱性土壤上施用少量石膏，对大豆增产都有良好效果。一般每亩地施用15～25kg为宜。

钼肥：菌剂配合钼肥拌种好于单施根瘤菌或单施钼肥。钼酸铵每亩用量10～20g，加水后与根瘤菌剂及种子混合搅拌。

⑥ 根瘤菌肥的质量必须合格。除了检查外包装外，还要检查是否疏松，如已结块、长霉的根瘤菌肥不能使用。另外，还要检查是否有检验登记号、产品质量说明、出厂日期、合格证等。

⑦ 根瘤菌与其他菌肥的复合使用。根瘤菌剂与其他菌肥复合使用，可以提高肥效。根瘤菌与磷细菌肥、钾细菌肥复合拌种的效果优于其他菌肥。表明，根瘤菌拌种比不拌种增产6.9%；根瘤菌与磷细菌混合拌种，比不拌种平均增产10.5%；而根瘤菌与磷、

钾细菌混合拌种比对照平均增产16.5%。

固氮菌肥料(azotobacter fertilizer)

固氮菌肥料，是指含有益的固氮菌，能在土壤和多种作物根际中固定空气中的氮气，供给作物氮素营养，又能分泌激素刺激作物生长的活体制品。是以能够自由生活的固氮微生物或与一些禾本科植物进行联合共生固氮的微生物作为菌种生产出来的。

按菌种及特性分为自生固氮菌、共生固氮菌和根际联合固氮菌。按剂型分为液体固氮菌肥料、固体固氮菌肥料和冻干固氮菌肥料。

质量标准 国内的产品剂型有固体固氮菌肥料、液体固氮菌肥料和冻干固氮菌肥料。执行农业行业标准NY 411—2000。

施用方法 固氮菌适用于各种作物，特别是禾本科作物和蔬菜中的叶菜类，可作种肥、基肥和追肥。如与有机肥、磷肥、钾肥及微量元素肥料配合施用，能促进固氮菌的活性，固体菌剂每亩用量250～500g，液体菌剂每亩100mg，冻干菌剂每亩500亿～1000亿活菌。合理施用固氮菌肥，对作物有一定的增产效果，增产幅度在5%左右。土壤施用固氮菌肥后，一般每年每亩可以固定1～3kg氮素。

(1) 拌种　作种肥施用，在菌肥中加适量的水，倒入种子混拌，捞出阴干即可播种。随拌随播，随即覆土，避免阳光照射。

(2) 蘸秧根　对蔬菜、甘薯等移栽作物，可采用蘸秧根的方法。

(3) 基肥　可与有机肥配合施用，沟施或穴施，施后立即覆土。薯类作物施用固氮菌剂时先将马铃薯块茎或甘薯幼苗用水喷湿，再均匀撒上菌肥与肥土的混合物，在其未完全干燥时就栽培。

(4) 追肥　把菌肥用水调成糊状，施于作物根部，施后覆土，或与湿肥土混合均匀，堆放三五天，加稀粪水拌和，开沟浇在作物根部后盖土。

注意事项

① 固氮菌属中温性细菌，在25～30℃条件下生长最好，温度低于10℃或高于40℃时生长受到抑制，因此，固氮菌肥要保存于阴凉处，并要保持一定的湿度，严防暴晒。

② 固氮菌对土壤湿度要求较高，当土壤湿度为田间最大持水量的25%～40%时，固氮菌才开始繁殖，至60%时繁殖最旺盛，因此，施用固氮菌肥时要注意土壤水分条件。

③ 固氮菌对土壤酸性反应敏感，适宜的pH为7.4～7.6，酸性土壤在施用固氮菌肥前应结合施用石灰调节土壤酸度，过酸、过碱的肥料或有杀菌作用的农药，都不宜与固氮菌肥混施，以免发生强烈的抑制作用。

④ 固氮菌只有在碳水化合物丰富而又缺少化合态氮的环境中，才能充分发挥固氮作用。土壤中碳氮比低于（40～70）：1时，固氮作用迅速停止。土壤中适宜的碳氮比是固氮菌发展成优势菌种、固定氮素的最重要的条件。因此，固氮菌最好施在富含有机质的土壤上，或与有机肥料配合施用。

⑤ 应避免与速效氮同时施用。土壤中施用大量氮肥后，应隔10d左右再施固氮菌肥，否则会降低固氮菌的固氮能力。但固氮菌剂与磷、钾及微量元素肥料配合施用，则能促进固氮菌的活性，特别是在贫瘠的土壤上。

⑥ 固氮菌肥料多适用于禾本科作物和蔬菜中的叶菜类作物，有专用性的，也有通用性的，选购时一定要仔细阅读使用说明书。

⑦ 固氮菌肥料用于拌种时勿置于阳光下，不能与杀菌剂、草木灰、速效氮肥及稀土微肥等同时使用。

⑧ 固氮菌肥在水稻生长中使用需要注意，速效氮肥在一定时间内对水稻根际固氮活性有明显抑制效应，施肥量愈大，抑制效应愈严重。土壤速效氮浓度与水稻根际固氮活性呈高度负相关。铵态氮对固氮活性抑制时间，低氮区为20d左右，中氮区和高氮区为25～30d。因此，在使用时尽量避免与速效氮联合使用，最好在中、低肥力水平的土壤上应用。

⑨ 在固氮菌肥料不足的地区，可自制菌肥。方法是选用肥沃土壤（菜园土或塘泥等）100kg、柴草灰 1～2kg、过磷酸钙 0.5kg、玉米粉 2kg 或细糠 3kg 拌和在一起，再加入厂制的固氮菌剂 0.5kg 作接种剂，加水使土堆湿润而不黏手，在 25～30℃ 中培养繁殖，每天翻动一次并补加些温水，堆制 3～5d，即得到简单方法制造的固氮菌肥料。自制菌肥用量每亩为 10～20kg。

抗生菌肥（antagonistic fertilizer）

抗生菌肥料，是指用能分泌抗生素和刺激素的微生物制成的肥料制品。其菌种通常是拮抗性微生物——放线菌，我国应用多年的“5406”属于此类菌肥。“5406”菌种是细黄链霉菌。此类制品不仅有肥效作用而且能抑制一些作物的病害，刺激和调节作物生长。过去的生产方式主要是逐级扩大，以饼土（各种饼肥与土的混合物）接种菌种后堆制，通过孢子萌发和菌丝生长，转化饼土中的营养物质和产生抗生物质、刺激素。发酵堆制后的成品可拌种，也可作基肥使用，在多种作物应用后均能收到较好的效果。但这种生产方式不便，产品质量难以控制，应用面积逐年下降。近年来，发展为工业发酵法生产，发酵液中含有多种刺激素，浸种、喷施于粮食作物、蔬菜、水果、花卉和名贵药材，均获得较好的增产效果，应用面积有所扩大。

施用方法 “5406”抗生菌肥可用作拌种、浸种、浸根、蘸根、穴施、追施等。合理施用“5406”抗生菌肥，能获得较好的增产效果，一般可使作物增产 20%～30%。

（1）作种肥 用“5406”菌肥 1.5kg 左右，加入棉籽饼粉 3～5kg、碎土 50～100kg、钙镁磷肥 5kg，充分拌匀后覆盖在种子上，保苗、增产效果显著。

（2）浸种、浸根或拌种 用 0.5kg“5406”菌肥加水 1.5～3.0kg，取其浸出液作浸种、浸根用。也可用水先喷湿种子，然后拌上“5406”菌肥。

（3）穴施　在作物移栽时每亩用抗生菌肥 10～25kg。

（4）追肥　作物定植后，在苗附近开沟施肥，覆土。

（5）叶面喷肥　用抗生菌肥浸出液进行叶面喷施，主要是对一些蔬菜作物和温室作物。施用量按产品说明书控制，用水浸出后进行叶面喷施，一般每亩喷施 30～60kg 浸出液。

注意事项

① 掌握集中施、浅施的原则。

②“5406”抗生菌是好气性放线菌，良好的通气条件有利于其大量繁殖。因此，使用该菌肥时，土壤中的水分既不能缺少，又不可过多，控制水分是发挥“5406”抗生菌肥效的重要条件。

③ 抗生菌适宜的土壤 pH 为 6.5～8.5，酸性土壤上施用时应配合施用钙镁磷肥或石灰，以调节土壤酸度。

④“5406”抗生菌肥可与杀虫剂或某些专性杀真菌药物等混用，但不能与杀菌剂混后拌种。

⑤“5406”抗生菌肥施用时，一般要配合施用有机肥料、磷肥，忌与硫酸铵、硝酸铵、碳酸氢铵等化学氮肥混施，但可交叉施用。

此外，抗生菌肥还可以与根瘤菌、固氮菌、磷细菌、钾细菌等菌肥混施，一肥多菌，可以相互促进，提高肥效。

磷细菌肥料（phosphate bacteria fertilizer）

磷细菌肥料，是指能把土壤中难溶性的磷转化为作物能利用的有效磷素营养，又能分泌激素刺激作物生长的活体微生物制品。这类微生物施入土壤后，在生长繁殖过程中会产生一些有机酸和酶类物质，能分解土壤中矿物态磷、被固定的磷酸铁、磷酸铝和磷酸钙等难溶性磷以及有机磷，使其在作物根际形成一个磷素供应较为充分的微区域，从而增强土壤中磷的有效性，改善作物的磷素营养，为农作物的生长提供有效态磷元素，还能促进固氮菌和硝化细菌的活动，改善作物氮素营养。目前，对磷细菌肥料的解磷机理还不十分明确，对此类微生物施入十壤后的活动和消长动态以及解磷作用发挥的条件也不十分了解，加上菌剂质量不能保证，因而磷细菌肥料在生产应用时受到很大限制。

按菌种及肥料的作用特性，可将磷细菌肥料分为有机磷细菌肥料和无机磷细菌肥料。按剂型不同分为液体磷细菌肥料、固体粉状磷细菌肥料和颗粒状磷细菌肥料。目前采用最多的菌种有巨大芽孢杆菌、假单胞菌和无色杆菌等。

质量标准 执行农业行业标准 NY 412—2000。

施用方法 磷细菌肥料可以用作种肥（浸种、拌种）、基肥和追肥，使用量以产品说明书为准。

（1）拌种 固体菌肥按每亩 1～1.5kg，加水 2 倍稀释成糊状，液体菌肥按每亩 0.3～0.6kg，加水 4 倍稀释搅匀后，将菌液与种子拌匀，晾干后即可播种，防止阳光照射。也可先将种子喷湿，再拌上磷细菌肥，随拌随播，播后覆土，若暂时不用，应于阴凉处覆盖保存。

（2）蘸秧根 水稻秧苗每亩用 2～3kg 的磷细菌肥，加细土或河泥及少量草木灰，用水调成糊状，蘸根后移栽。处理水稻秧田除蘸根外，最好在秧田播种时也用磷细菌肥料。

（3）作基肥 每亩用 2kg 左右的磷细菌肥，与堆肥或其他农家肥料拌匀后沟施或穴施，施后立即覆土。也可将肥料或肥液在作物苗期追施于作物根部。

（4）作追肥 在作物开花前施用为宜，菌液要施于根部。

注意事项

① 磷细菌适宜生长的温度为 30～37℃，适宜的酸碱度为 pH7.0～7.5，应在土壤通气良好、水分适当、温度适宜（25～37℃），pH6～8 条件下施用。

② 磷细菌肥料在缺磷但有机质丰富的高肥力土壤上施用，或与农家肥料、固氮菌肥、抗生菌肥配合施用效果更好；与磷矿粉合用效果较好。

③ 如能结合堆肥使用，即在堆肥中先接入解磷微生物肥料，

可以发挥其分解作用，然后将堆肥翻入土壤，这样做效果较单施为好。

④ 与不同类型的解磷菌（互不拮抗）复合使用效果较好；在酸性土壤中施用，必须配合施用大量有机肥料和石灰。

⑤ 磷细菌肥料不得与农药及生理酸性肥料（如硫酸铵）同时施用。

⑥ 贮存时不能暴晒，应放于阴凉干燥处。

⑦ 拌种时应使每粒种子都沾上菌肥，随用随拌，暂时不播，放在阴凉处覆盖好再用。

硅酸盐细菌肥料 (silicate bacteria fertilizer)

硅酸盐细菌肥料，在土壤中通过其生命活动，增加植物营养元素的供应量，刺激作物生长，抑制有害微生物活动，有一定的增产效果。能对土壤中云母、长石等含钾的铝硅酸盐及磷灰石进行分解，释放出钾、磷与其他灰分元素，改善作物的营养条件，是一种生物肥料，也叫生物钾肥、钾细菌肥料。各种农作物接种硅酸盐细菌肥料后，菌体细胞就在根际或根表生长增殖，减少了土壤中速效钾的固定，大大提高了对钾元素的吸收率。使用硅酸盐细菌肥料的土壤，其每克土根际钾含量比对照要高出 3mg，蔬菜产量明显增加 12%～19%，且硅酸盐细菌肥料还具有能活化土壤、培肥地力的功能，对土壤无污染。目前应用的硅酸盐细菌有中国科学院微生物研究所的 1153 号菌株、上海农业科学院分离的硅酸盐细菌 308 号菌株等。

硅酸盐细菌肥料按剂型不同分为液体菌剂、固体菌剂和颗粒菌剂。

质量标准　执行农业行业标准 NY 413—2000。

施用方法　硅酸盐细菌肥料可以作基肥、追肥和拌种或蘸根用。

（1）作基肥　每亩用 1～1.5kg 颗粒硅酸盐细菌肥与有机肥

（或潮细土）15kg 左右拌和，均匀撒于地面后整地或耘田覆盖。若与农家肥混合施用效果更好，因为硅酸盐细菌的生长繁殖同样需要养分，有机质贫乏时不利于其生命的维持。

（2）拌种　棉花、玉米、花生、小麦、水稻、油菜、芝麻等作物均可采用拌种方法，菌剂用量按每亩用种量施 0.5～0.8kg。具体方法是：0.5kg 菌剂对 250～300mL 水化开，加入种子拌匀，（在室内或棚内）阴干后即可播种。

（3）穴施、蘸根　甘薯、烤烟、西瓜、番茄、草莓、茄子、辣椒等移栽时采用此法。按每亩用 1～2kg 菌剂与细肥土 14～20kg 混合，施于穴内与土壤混匀后移栽幼苗。水稻、大葱等移栽或插秧时蘸秧施用，用 500g 硅酸盐细菌肥料加水 15～20kg，化开后混匀蘸根。

（4）沟施　果树施用硅酸盐细菌肥料，一般在秋末（10 月下旬至 11 月上旬）或早春（2 月下旬至 3 月上旬），根据树冠大小，在距树身 1.5～2.5m 处环树挖沟（深、宽各 15cm），每亩用菌剂 1.5～2kg 混细土 20kg，施于沟内后覆土即可。

（5）作追肥　按每亩用菌剂 1～2kg 对水 50～100kg 混匀后进行灌根。

注意事项

（1）不能暴晒　拌种要在室内或棚内进行，拌好菌剂的种子应在阴凉处晾干，因太阳光中的紫外线可杀死硅酸盐细菌肥料中的细菌，所以不要在阳光下暴晒。晾干后应立即播种、覆土。

（2）提前施用　因为硅酸盐细菌肥料施入土壤以后，细菌繁殖到从土壤矿物中分解释放出钾、磷需要一个过程，为了保证有充足的时间完成这个过程，并从幼苗期就能提供钾、磷养分，所以必须提前施用。在整地前基施、拌种、蘸根、移苗时施用效果较好。如果是追肥，在苗期早追为好。

（3）近施均施　硅酸盐细菌肥料与其他肥料不同，它安全性高，不会烧苗，施在根系的周围，效果更好。均匀施用则有利于菌剂充分发挥作用。

(4) 土壤不能过酸过碱　硅酸盐细菌适宜生长的 pH 为 5～8，当土壤 pH 小于 6 时，硅酸盐细菌的活性会受到抑制。因此，在施用前施用生石灰调节土壤酸度。不可与草木灰等碱性物质混合使用，以免杀死菌体细胞，影响肥效。

(5) 注意与有机肥的混合　作基肥时，硅酸盐细菌肥料最好与有机肥料配合施用。因为硅酸盐细菌的生长繁殖同样需要养分，有机质贫乏时不利于其生长繁殖。

(6) 注意与农药的混合　硅酸盐细菌肥料可与杀虫、杀真菌病害的农药同时配合施用（先拌农药，阴干后拌菌剂），但不能与杀细菌农药接触，苗期细菌病害严重的作物，菌剂最好采用底施，以免耽误药剂拌种。

(7) 注意外部环境条件　有机质、速效磷丰富的壤质土地上施用效果好，土壤速效钾含量在 26mg/kg 以下时，不利于解钾功能的发挥；在土壤速效钾含量 50～75mg/kg 的土壤施用，解钾能力达到高峰。湿润的土壤条件施用效果好；在干旱的土壤中，硅酸盐细菌肥料中的细菌活体不能正常生长繁殖，效果不明显。

(8) 注意存放　硅酸盐细菌肥料应存放在阴凉处，避免阳光直射。

光合细菌菌剂 (photo synthetic bacteria)

能利用光能作为能量来源的细菌，统称为光合细菌（英文简称：PSB）。根据光合作用是否产氧，可分为不产氧光合细菌和产氧光合细菌；又可根据光合细菌碳源利用的不同，将其分为光能自养型和光能异养型，前者是以硫化氢为光合作用供氢体的紫硫细菌和绿硫细菌，后者是以各种有机物为供氢体和主要碳源的紫色非硫细菌。

产品分类

(1) 液体菌剂　以有机、无机原料培养液接种光合细菌，经发酵培养而成的光合细菌菌液。

（2）固体菌剂　由某种固体物质作为载体吸附光合细菌菌液而成。

质量标准　执行农业行业标准 NY 527—2002。

施用方法　生产的光合细菌肥料一般为液体菌液，用于农作物的基肥、追肥、拌种、叶面喷施、秧苗蘸根等。

① 作种肥使用，可增强生物固氮作用，提高根际固氮效应，增进土壤肥力。

② 叶面喷施，可改善植物营养，增强植物生理功能和抗病能力，从而起到增产和改善品质的作用。

③ 作果蔬保鲜剂，对西瓜等的保藏有良好的作用，能抑制病菌引起的病害，具有杀菌作用，能抑制其他有害菌群及病毒的生长。

此外，畜牧业上应用于饲料添加剂，用于畜禽粪便的除臭，在有机废物的治理上也有较好的应用前景。

由于光合细菌应用历史比较短，许多方面的应用研究还处在初级阶段，还有大量的、深入的研究工作要做。尤其是在产品的质量、标准以及进一步提高应用效果等方面基础薄弱，有待进一步加强。目前的研究和试验已显示出光合细菌作为重要的微生物资源，其开发应用的前景是广阔的，必将具有不可替代的应用市场，在人类活动中必将发挥越来越大的作用。

复合微生物肥料（compound microbial fertilizers）

复合微生物肥料，是指特定微生物与营养物质复合而成，能提供、保持或改善植物营养，提高农产品产量或改善农产品品质的活体微生物制品。主要类型有两类，一类是两种或两种以上微生物的复合；一类是一种微生物与各种营养元素或添加物、增效剂的复合，如微生物-微量元素复合生物肥料，联合固氮菌复合生物肥料，固氮菌、根瘤菌、磷细菌和钾细菌复合生物肥料，有机-无机复合生物肥料，多菌株多营养生物复合肥等。复合微生物肥料具有营养全面，肥效持久，改善作物品质，降低硝酸盐及重金属含量，提高化肥利用率，减少环境污染，改善土壤结构等优点。

质量标准 执行农业行业标准 NY/T 798—2015。

施用方法 适用于经济作物类、大田作物类、果树蔬菜类等。

(1) 拌种 加入适量的清水将复合微生物肥料调成水糊状，将种子放入，充分搅拌。使每粒种子沾满肥粉，拌匀后放在阴凉干燥处阴干，然后播种。

(2) 作基肥 每亩用复合微生物肥料 1～2kg，与农家肥、化肥或细土混匀后沟施、穴施、撒施均可（不可在正午进行，避免阳光直射），随即翻耕入土以备播种混匀。

(3) 作追肥 沟施肥，在作物种植行的一侧开沟，距植株茎基部 15cm，沟宽 10cm，沟深 10cm，每亩施复合微生物肥料约 2kg。幼树采取环状沟施，每棵用 200g，成年树采取放射状沟施，每棵用 500～1000g，可拌肥施，也可拌土施。

穴施肥，在距离作物植株茎基部 15cm 处挖一个深 10cm 小穴，单施或与追肥用的其他肥料混匀施入穴中，覆土浇水。

灌根法，将复合微生物肥料对水 50 倍搅匀后灌到作物茎基部，此法适用于移苗和定植后浇定根水。

冲施法，每亩使用复合微生物肥料 3～5kg，再用适量水稀释后灌溉时随水冲施。

(4) 蘸根 苗根不带营养土的秧苗移栽时，将秧苗放入适量清水调成水糊状的复合微生物肥料中蘸根（每亩用 1～2kg，对水 3～4 倍），使其根部蘸上菌肥，然后移栽，覆土浇水。当苗根带营养土或营养钵移栽时，复合微生物肥料可以进行穴施，然后覆土浇水。

(5) 拌苗床土 每平方米苗床土用复合微生物肥料 200～300g 与之混匀后播种。

(6) 园林盆栽 花卉草坪，每千克盆土用复合微生物肥料10～15g 追肥或作基肥。

(7) 叶面喷施 在作物生长期内进行叶面追肥，稀释 500 倍左右或按说明书要求的倍数稀释后，进行叶面喷施。

注意事项

① 首先要选择质量有保证的产品，如获得农业农村部登记的复合微生物菌肥。选购时要注意此产品是否经过严格的检测，并附有产品合格证。其次要注意产品的有效期，产品中的有效微生物的数量随着保存时间的延长而逐步减少，若数量过少则会失效，养分也逐步减少，特别是氮素逐步减少。因此，最好选用当年的产品，距离生产日期越近，使用效果越佳，放弃霉变或超过保存期的产品。再次，避免阳光直晒肥料，防止紫外线杀死肥料中的微生物，产品贮存环境温度以15～28℃最佳。

② 在底施复合微生物肥料前，要注意需要让土壤保持一定的湿度，以见干见湿的土壤湿度最好，这样有利于微生物菌的存活。另外，施用底肥的过程中需要复合微生物肥料与有机肥配合施用，足量的有机肥利于有益菌的快速增殖。

③ 冲施复合微生物肥料时最好要浇小水，使无机养分进入土壤后不易流失和固定，也防止土壤含水量过大影响微生物菌的呼吸，降低其存活数量，不利于肥效的发挥。

④ 不能与杀菌剂、除草剂混用，并且前后必须要间隔7d以上施用。

⑤最好在雨后或灌溉后施用，肥料用前要充分摇匀，现配现用。

⑥ 保存时切忌进水，保存于阴凉干燥处，不宜直接在地面存放。

土壤酵母(soil yeast)

土壤酵母，是最新研制的微生物肥，可以疏松土壤，提高土壤的透气性。菌株繁殖能产生大量抗生素，对作物多种病害产生抗性，从而有效地防治作物病害，起到增加产量、改善品质的作用。

土壤酵母能有效防治玉米粗缩病、大小叶斑病、疮痂病、软腐病，防治苹果、葡萄上各种斑点落叶病、霜霉病、炭疽病，并可推迟落叶9～12d。

施用方法

(1) 拌种　可以使苗齐、苗壮、根系发达，预防病毒侵害，作物整个生长期都受益。小麦、玉米、水稻、棉花等种皮不易划伤的种子拌种时，按1kg菌剂拌20kg种子的比例，将种子喷少许清水润湿种皮，再撒上菌剂，翻拌均匀、晾干，即可播种。花生、大豆、生姜、马铃薯、山药等易划伤种皮的种子，可用1kg菌剂拌10～20kg细湿土，再与种子混拌，然后分离出种子播种。

(2) 做蔬菜营养土　菌剂、湿土按1∶50的比例制作营养菌土；育苗时，用作苗床土或盖种土；移苗定植时，可作窝肥；播种时，用作盖种土。

(3) 蘸根　移苗定植时，直接用菌剂蘸根定植。采用营养钵育苗的，将土坨底部蘸菌剂定植，可使苗根健壮，成活率高。扦插育苗时，菌剂、细土按1∶20的比例，加适量清水做成泥浆，将作为根部的部位蘸取泥浆后扦插，可促进切口处愈合，防止病菌从切口感染，促进生根，提高扦插成活率。

(4) 用作基肥　与充分腐熟的畜禽粪便、作物秸秆、饼肥等有机肥以及土杂肥等混匀，作基肥施用，每亩用3～6kg。土传病害、地下虫害严重的地块，可以加大菌剂用量。

(5) 用作果树追肥　结合果树追施有机肥，将菌剂拌有机肥施用。每亩用4～8kg，根据果树大小可适当增减用量。果树追施菌剂，树势旺盛，病害少，坐果率高，畸形果少，着色好，果实糖度和维生素含量提高，口感好，耐储藏。

注意事项

① 在施用时增施饼肥、杂草、秸秆等，效果更好。

② 勿与碳酸氢铵等碱性肥料混用。

③ 避免与杀菌剂混拌使用。

生物有机肥（microbial organic fertilizers）

生物有机肥，是指特定功能微生物与主要以动植物残体（如畜禽类粪便、农作物秸秆等）为来源，并经无害化处理、腐熟的有机物粒复合而成的一类兼具微生物肥料和有机肥效应的肥料。区别于仅利用自然发酵（腐熟）所制成的有机肥料，其原料经过生物反应器连续高温腐熟，有害杂菌和害虫基本被杀灭，起到一定的净化作用。生物有机肥料的卫生标准明显高于传统农家肥，也不是单纯的菌肥，是二者有机的结合体，兼有微生物接种剂和传统有机肥的双重优势。除了含有较高的有机质外，还含有具有特定功能的微生物（如添加固氮菌、磷细菌、解钾微生物菌群等），具有增进土壤肥力，转化和协助作物吸收营养、活化土壤中难溶的化合物供作物吸收利用等作用，或可产生多种活性物质和抗、抑病物质，对农作物的生长具有良好的刺激和调控作用，可减少作物病虫害的发生，改善农产品品质，提高产量。

质量标准　执行农业行业标准 NY 884—2012。

施用方法

（1）施用原则　生物有机肥施用时应该增产节支、科学使用。

① 入土层不宜过深　生物有机肥依靠其生物活性来分解有机质，其活性必须在一定温度、湿度、透气性、有机物质的条件下才能实现，而施入太深势必影响生物肥的活性。因此生物有机肥以施在地表下 10～15cm 处为宜。

② 施用时不宜与单一化肥混施　单一化肥因其成分单一，施入土壤中常引起土壤酸碱度变化，如果大量施用，势必影响生物有机肥的生物活性。因此，生物有机肥最好单独施用（或根据作物不同生育时期加施不同配方化肥）。

③ 与农家肥、复合肥合理配比　施肥的原则是生物肥要优质，有机肥要腐熟，化肥要元素全（根据不同作物种类合理配比）。生

鸡粪盐过多，磷酸二铵磷过多（18%氮、46%磷），复合肥氮、磷、钾配比为15∶15∶15或16∶16∶16或17∶17∶17。选用时一定要先计算，再配比，后施用。

④ 穴施效果更好　穴施生物有机肥，一方面可快速促进活跃土壤，提高土壤透气性，促进根系快速生长发育；另一方面可缓解因有机肥不腐熟、化肥没分解形成的养分空缺，及时供给根系养分，给根系一个良好的生长环境，促进团根早形成。

（2）施用技术　生物有机肥既可作基肥，又可以拌种，还可作追肥。

① 果树专用生物有机肥的施用　果树施肥应以基肥为主，最好的施肥时间为秋季。施肥量占全年施肥量的60%～70%，最好在果实采收后立即进行。果树专用生物有机肥的施用方式可以采用以下3种。

a. 条状沟施法　葡萄等藤蔓类果树，开沟后在距离果树5cm处开沟施肥。

b. 环状沟施法　幼年果树，距树干20～30cm，绕树干开一环状沟，施肥后覆土。

c. 放射状沟施　成年果树，距树干30cm处，按果树根系伸展情况向四周开4～5个50cm长的沟，施肥后覆土。

常用果树专用生物有机肥作基肥可按每产50kg果施入2.5～3kg。

注意事项：勿与杀菌剂混用；施肥后要及时浇水。

② 蔬菜专用生物有机肥的施用　一般蔬菜定植前要施足基肥，并适当施些硼和钙等微量肥。施用方法如下。

a. 作基肥施用　每亩用量40～80kg（与土杂肥及其他有机肥混合使用）。

b. 沟施　移栽前将本品撒入沟内，移栽后覆土即可。每亩使用量40～80kg。

c. 穴施　移栽前将本品撒入孔穴中，移栽后覆土即可。每个孔穴10～20g，每亩使用量40～80kg。

d. 育苗　将本品与育苗基质（或育苗土）混合均匀即可。每立方米育苗基质使用量为10～20kg。

注意事项：不要与杀菌剂混合使用，阴凉处存放，避免雨水浸淋。

③ 花卉专用生物有机肥的施用　观叶类的以氮素维持，观花果的以磷、钾维持，球根茎则多施钾肥，促地下部的生长。花卉专用生物有机肥的施用方法如下。

a. 基地花卉施用　每亩施用量为100～150kg，肥效可维持300d左右。可穴施、沟施、地面撒施及拌种施肥，施肥后覆盖2～5cm，然后浇水加速肥料分解，便于花卉吸收。配方施肥可适当减少其他肥用量。

b. 盆景花卉施用　作追肥，20～30cm盆用量30～40g，40～50cm盆用量50～100g，将肥浅埋入土中浇水，3个月追肥一次。作基肥，栽培花卉时将肥料与土壤混合使用或将肥料放入盆中部使用，肥土混合使用比例为1∶5，一年不用追肥。

④ 粮油专用生物有机肥的施用　生物有机肥在粮油作物上一般采用拌种或基肥混施两种方法与化肥配合施用。拌种是将生物有机肥4kg与亩用种子混拌均匀，而化肥在深耕时作基肥施入。基肥混施是将25kg生物有机肥与亩用化肥混合均匀后，在播种深耕时一次施入土壤，施肥深度在土表15cm左右。同时必须看天、看地、看苗，提高施用技巧，做到适墒施肥、适量施肥。

⑤ 甘蔗专用生物有机肥的施用　甘蔗基肥应以生物有机肥为主，配施氮、磷、钾肥。一般甘蔗高产田块，亩施生物有机肥200～300kg作基肥。施基肥时，先开种植沟，将生物有机肥施于沟底，沟两侧再施无机肥。

甘蔗追肥分苗肥、分蘖肥、攻茎肥三个时期施用。生物有机肥冲施、灌根、喷施均可。前期（3片真叶时）施苗肥，促苗壮苗，保全苗；生长中期（出现5～6片真叶时）施分蘖肥，促进分蘖，保证有效茎数量；生长后期（伸长初期）施攻茎肥，促进甘蔗发大根、长大叶、长大茎，确保优质高产。

⑥ 桑树专用生物有机肥的施用　桑树专用生物有机肥主要作基肥和追肥使用。

a. 作基肥　在桑树进入休眠期（11月中下旬）进行，离树头（根部）40cm处开沟，每亩施60kg左右，覆土。

b. 作追肥　第一次追肥在春季，即采第一次桑叶后进行施肥，离树头40cm处开沟，每亩施30kg左右，覆土。第二次追肥在第一次追肥后30d左右进行，离树头40cm处开沟，每亩施30kg左右，覆土。

⑦ 烟草专用生物有机肥的施用

a. 作基肥　每亩用量40～50kg。在烟草移栽时，进行穴施，每株烟使用35～40g。先将烟苗放入穴中，然后将生物有机肥均匀撒在烟草根部及周围，覆土。

b. 育苗　按基质量10%的使用量，将生物有机肥掺入基质中即可。

⑧ 其他专用生物有机肥的施用　其他各类专用生物有机肥则要根据具体作物的需肥规律和生产区域情况进行科学合理的选用和施用。

注意事项

① 选用质量合格的生物有机肥。质量低下、有效活菌数达不到规定指标、杂菌含量高或已过有效期的产品不能施用。

② 不宜长期存放，宜现买现用。避免开袋后长期不用而进入杂菌，使肥料中的微生物菌群发生改变，影响其使用效果；生物有机肥贮存时放在阴凉处，避免阳光直接照射，亦不能让雨水浸淋。生产中不提倡农民自己存放，因环境的干湿不定影响肥料质量，且存放时间长了，有效菌的休眠状态可能被破坏，使活菌数量大大降低，即使休眠不被破坏，存放时间久了，有效菌的活性就会大大降低，从而影响肥效。

③ 施用时尽量避免造成肥料中微生物的死亡。应避免阳光直射生物肥，拌种时应在阴凉处操作，拌种后要及时播种，并立即覆土。

④ 创造适宜的土壤环境。在底施生物有机肥前，不要忽略了其中的微生物菌，需要让土壤保持一定的湿度。土壤的干湿程度也影响着微生物菌的活性，当大水漫灌或土壤干旱时，会使微生物菌

因“呼吸不畅”而影响生存，尤其对好氧菌的影响会更大。底施生物有机肥前，以见干见湿的土壤湿度最好，这样有利于微生物菌的存活。土壤过分干燥时，应及时灌浇。大雨过后要及时排除田间积水，提高土壤的通透性。

此外，在酸性土壤中施用应中和土壤酸度后再施。施用底肥的过程中可以将生物有机肥与功能微生物菌剂配合施用，这是因为生物有机肥中的有机质可为微生物菌提供充足的“粮食”，利于有益菌的快速增殖。

⑤ 因地制宜推广应用不同的生物有机肥料。如含根瘤菌的生物肥料应在豆科作物上广泛施用，含解磷、解钾类微生物的生物有机肥料应施用于养分潜力较高的土壤。

⑥ 避免在高温干旱条件下使用。生物肥料中的微生物在高温干旱条件下，生存和繁殖就会受到影响，不能发挥良好的作用。因此，应选择阴天或晴天的傍晚施用，并结合盖土、盖粪、浇水等措施，避免微生物肥料受阳光直射或因水分不足而难以发挥作用。

⑦ 避免与未腐熟的农家肥混用。与未腐熟的有机肥混用，会因高温杀死微生物，影响生物肥料特有功效的发挥。

⑧ 不能与杀虫剂、杀菌剂、除草剂、含硫化肥、碱性化肥等混合施用，否则易杀灭有益微生物。

⑨ 在有机质含量较高的土壤上施用效果较好，在有机质含量少的瘦地上施用效果不佳。

⑩ 不能取代化肥。与化肥相辅相成，与化肥混合施用时应特别注意其混配性。

第二节　叶面肥料及水溶性肥料

叶面肥料（foliar fertilizer）

叶面施肥，又叫根外施肥，是将一种无毒、无害并含有各种营养成分的有机物或无机物水溶液按一定剂量和浓度喷施在农作物的叶面上，起到直接或间接地供给养分的作用，是作物吸收养分的一条有效途径，已成为重要的高产栽培管理措施之一。与土壤施肥相比，叶面施肥具有养分吸收快、用量少、养分利用率高、对土壤污染轻等特点。尤其在作物生长后期，根系活力降低，吸肥能力下降；或在胁迫条件下，如土壤干旱、养分有效性低，通过叶面施肥可以及时补充养分。另外，叶面施肥可以改善农产品品质，如苹果果实内钙含量是影响果实品质的重要因素之一，通过将钙营养液直接喷施于果实上，对防治生理性缺钙和提高果实硬度、延长储藏时间具有良好效果。

用于叶面施肥的肥料称为叶面肥料，简称叶面肥。

叶面肥的种类

（1）按主要剂型划分　可以分为水剂、乳剂、粉剂、油剂等。水剂是使用最普通的一种类型，营养物质的浓度常以百分数或摩尔浓度表示；乳剂有利于养分同叶面的亲和而有利于养分的叶面吸收，所以其效果要比水剂更好些；油剂是一种羊毛脂制剂，是研究试验时常用的一种剂型。

（2）按物理性状划分　可分为固体叶面肥和液体叶面肥两大类，目前后者占60%以上。

（3）按主要功能划分　可将叶面肥分为通用型、专用型和多功能型三类。

① 通用型　适用的作物和地区范围较为广泛，但针对性差，具体到某一地区、某一作物时可能出现有的养分过剩而有的养分缺乏或不足的现象。

② 专用型　针对特定地区、某种作物的供肥需肥特点而对养分进行了合理的配比，针对性强，肥效好，经济效益较高，但适用范围有限。

③ 多功能型　兼有调节作物生长、防虫、治病、除草等功效，目前占叶面肥一半以上。多功能性叶面肥中绝大部分为植物营养调节型，常见的品种有：氨基酸复合营养液类、腐殖质多元素叶面肥

类、稀土多元素复合叶面肥类、各种激素与无机元素复配类、微量元素螯合物以及其他有调节作物生长功效的各类叶面肥。

(4) 按主要成分划分

① 营养型叶面肥　又称水溶肥料，以氮、磷、钾及微量元素等养分为主，主要功能是为作物提供各种营养元素，改善作物的营养状况，尤其是适宜作物生长后期各种营养的补充。产品有的为无机肥料的简单混合，有的为高浓度螯合态。使用的配位体有：EDTA（乙二胺四乙酸）、氨基酸、腐植酸、柠檬酸、木质素、聚磷酸盐及聚酚酸等。目前市场上的主要品种类型有微量元素水溶肥料、含氨基酸水溶肥料、大量元素水溶肥料、中量元素水溶肥料、含腐植酸水溶肥料。

② 调节型叶面肥　调节型叶面肥含有调节植物生长的物质，如生长素、激素等成分，主要功能是调控作物的生长发育等，适于植物生长前期、中期使用。调节剂有赤霉素、2，4-滴、甲哌鎓、乙烯利、芸薹素内酯等。

③ 复合型叶面肥　复合型叶面肥种类繁多，复合混合形式多样。其功能有多种，既可提高营养，又可刺激生长调控发育。

施用方法

(1) 选择适宜的品种　在作物生长初期，为促进其生长发育，应选择调节型叶面肥；若作物营养缺乏或生长后期根系吸收能力衰退，应选用营养型叶面肥。叶面施肥的目的可概括为：补充微量元素、补充一定量的大量元素，以调节作物生理功能，增强抗逆性。生产上常用的叶面肥品种有尿素、磷酸二氢钾、硫酸钾、过磷酸钙、硼砂、钼酸铵、硫酸锌、稀土、光合微肥、喷施宝等。目前，用尿素作为氮肥叶面追肥效果较为理想。对于微量元素，每种作物的需求有所不同，所以在各个地区的表现也有所不同。如水稻施用锌肥可防止水稻僵苗，大豆喷施含钼叶面肥可以提高含油率和蛋白质含量，喷施硼肥对大多数作物都有比较好的效果。在基肥施用不足时，可以选用氮、磷、钾含量相对较高的叶面肥进行喷施。作物在遭受低温、干旱等逆境威胁，已造成明显危害时，可选择一些内源性的植物生长调节剂。

（2）喷施浓度和次数要合理　由于不同作物和品种对叶面施肥的反应不同，因此一定要根据叶面肥、不同作物、同一作物的不同时期选用不同浓度，尤其是微量元素肥料，作物营养从缺乏到过量之间的临界范围很窄，更应严格控制；含有生长调节剂的叶面肥，也应严格按浓度要求进行喷施，以防调控不当造成危害。一般大中量元素（氮、磷、钾、钙、镁、硫）使用浓度为500～600倍，微量元素铁、锰、锌500～1000倍，硼3000倍以上，铜、钼6000倍以上。

作物叶面追肥的浓度一般都比较低，每次的吸收量是很少的，与作物的需求量相比要低得多，因此叶面追肥的次数一般不应少于2～3次。至于在作物体内移动性小或不移动的养分如铁、硼、钙、磷等，更要注意适当增加喷洒次数，每次喷施要有足够的喷洒量。同时，间隔期至少应在一周以上，喷洒次数不宜过多，防止造成危害。喷洒量要根据作物种类及生育时期来确定，一般以肥液将要从叶片上滴下而又未滴下为好。

（3）叶面肥适宜施用时期　作物营养临界期和最大效率期是喷施叶面肥的关键时期。这两个时期养分的满足程度对作物产量影响极大，根据不同的作物选择不同的喷施时期喷施效果较好。作物营养临界期一般处于作物幼苗期，最大效率期一般处于营养生长旺盛时期或营养生长与生殖生长并进的时期。磷素营养临界期都在幼苗期，如玉米在5叶期、水稻在3叶期；氮素营养临界期，玉米在幼穗分化期、水稻在3叶期和幼穗分化期。氮素最大效率期，玉米在喇叭口期至抽雄初期、水稻在第一枝梗和第二枝梗时期；磷素最大效率期，水稻在3叶期和灌浆期；水稻钾素最大效率期也在灌浆期。如果在作物营养临界期和最大效率期这两个关键时期喷施叶面肥，对于增产将会起决定的作用。

在下述情况下可喷施叶面肥：一是基肥不足，作物出现脱肥现象；二是为促进越冬作物提早返青和分蘖，促三类苗追二类苗，促二类苗追一类苗；三是作物根系损伤，根系生长弱；四是高度密植的作物，不便于开沟追肥；五是当作物刚出现缺素症状时，针对性地喷施；六是果树、林木等深根作物用传统的施肥方法难以奏效时；七是温室或大棚种植的蔬菜。

（4）喷施要均匀、细致、周到　喷施要对准有效部位。叶面施肥要求雾滴细小，喷施均匀，尤其要注意喷洒在生长旺盛的上部叶片和叶的背面，将肥着重喷施在植物的幼叶、功能叶片背面上，因为幼叶、功能叶片新陈代谢旺盛，叶片背面的气孔比正面多若干倍，能较快地吸收溶液中的养分从而提高养分利用率。只喷叶面不喷叶背，只喷老叶而忽略幼叶的做法是不妥当的，会大大降低肥效。

（5）喷施时间要适宜　叶面肥液滴是以扩散和渗透的方式进入叶片质膜，因此延长肥料湿润叶面的时间，有利于吸收养分，即肥液在叶片上停留时间越长则吸收越多，效果越好。一般情况下保持叶片湿润时间在30～60min为宜，因此，叶面施肥最好在傍晚无风的天气进行；在有露水的早晨喷肥，会降低溶液的浓度，影响施肥的效果。雨天或雨前也不能进行叶面追肥，因为养分易被淋失，达不到应有的效果，若喷后3h遇雨，待晴天时补喷一次，但浓度要适当降低。

（6）最好不要使用叶面肥的时期

① 花期，花朵娇嫩，易受肥害。

② 幼苗期。

③ 一天之中高温强光期。

注意事项

（1）勿把叶面肥当农药用　市场上叶面肥种类越来越多，大多数含有作物所必需的营养元素，可防止作物因缺素而引起的生理性病害。有些叶面肥含有腐植酸、生长助剂、生理活性物质，具有促进作物生长、增强抗逆性等作用。正确使用叶面肥，对改善作物质量和增加产量有一定效果。但多数叶面肥并不含杀菌剂、杀虫剂，对由真菌、细菌、病毒引起的侵染性病害，没有直接的防治作用。然而有些叶面肥厂家和经销商为了促销，便夸大其词，把产品说得无所不能，如能有效防治立枯病、锈病、黑穗病、软腐病、枯黄萎病等。因此，防治作物病虫害要选用相应的杀菌剂和杀虫剂，切莫把叶面肥当农药使用，以免造成损失。

（2）叶面肥混用要得当　叶面追肥时，将两种或两种以上的叶面肥合理混用，可节省喷洒时间和用工，其增产效果也会更加显著。但肥料混合后必须无不良反应或不降低肥效，否则达不到混用目的。另外，肥料混合时要注意溶液的浓度和酸碱度，一般情况下溶液 pH 值在 7 左右、中性条件下利于叶部吸收。

（3）叶面肥不能替代土壤施肥　应该认识到根是植物吸收矿质养分的主要途径。由于叶片吸收养分的量很有限，据估算，要 10 次以上叶面施肥才能达到根系吸收养分的总量，因而根外施肥只能是根部施肥的一种补充，不能代替根部施肥。只有在以下两种情况下，根外追肥才显得特别有意义：一是作物处于恶劣的环境等各种原因使土壤施肥不能及时发挥作用时；二是根系吸收能力差（如作物生长后期根系衰老），适时根外追施肥料才能及时改善作物的营养状况，促进作物旺盛生长，发挥其最大的效果。

（4）叶面肥要随配随用　肥料的理化性质决定了有些营养元素容易变质，所以有些叶面肥要随配随用，不能久存。如硫酸亚铁叶肥，新配制的应为淡绿色、无沉淀，如果溶液变成赤褐色或产生赤褐色溶液，说明低价铁已经被氧化成高价铁，肥料有效性大大降低。为了减少沉淀生成，减缓氧化速度，可用已经酸化的水溶解硫酸亚铁。当然，也可以使用一些有机螯合铁肥（如黄腐酸铁、铁代聚黄酮类）来代替硫酸亚铁。

（5）叶面肥的溶解性要好　由于叶面肥是直接配成溶液进行喷施的，所以叶面肥必须溶于水。否则，叶面肥中的不溶物喷施到作物表面后，不仅不能被吸收，有时甚至还会造成叶片损伤。因此，用作喷施的肥料纯度应该较高，杂质应该较少。

（6）选择叶面肥要有针对性　作物主要是从土壤中吸收营养元素的，土壤中元素的含量对植物体的生长起着决定性作用。因此，在选择叶面肥种类前要先测定土壤中各元素的含量及土壤酸碱性，有条件的也可以测定植物体中元素的存在情况，或根据缺素症的外部特征，确定叶肥的种类及用量。一般来说，在基肥不足的情况下，可以选用以氮、磷、钾为主的叶面肥；在基肥施用充足时，可以选用以微量元素为主的叶面肥；也可根据作物的不同需要选用含有生长调节物质的叶面肥。

水溶性肥料（water soluble fertilizer）

水溶性肥料（英文简称 WSF），是指以氮、磷、钾为主的，完全溶解于水、用于滴灌施肥和喷灌施肥的二元或三元肥料，可添加大量元素、中量元素、微量元素等。因为水溶性肥料具有施用方法简单、使用方便等特点，因此在全世界得到了广泛的应用。在国外，被广泛用于温室中的蔬菜和花卉、各种果树以及大田作物的灌溉施肥，园林景观绿化植物的养护，高尔夫球场，甚至于家庭绿化植物的养护。一般水溶性肥料可以含有作物生长所需要的全部营养元素，如 N、P、K、Ca、Mg、S 以及微量元素等，其肥料利用率差不多是常规复合化学肥料的 2～3 倍（在我国，普通复合肥的肥料利用率仅为 30%～40%）。水溶肥料是一种速效肥料，可以让种植者较快地看到肥料的效果和表现，随时可以根据作物不同长势对肥料配方作出调整。

质量要求 执行行业标准 HG/T 4365—2012。

主要类型 水溶肥料主要有大量元素水溶肥料、中量元素水溶肥料、微量元素水溶肥料、含腐植酸水溶肥料、含氨基酸水溶肥料等。

施用方法 水溶性肥料的施用方法十分简便，它可以随着灌溉水在喷灌、滴灌等方式进行灌溉时施肥，既节约了水，又节约了肥料，而且还节约了劳动力，在劳动力成本日益高涨的今天使用水溶性肥料的效益是显而易见的。

（1）正确选择肥料品种 应根据土壤状况、作物需肥规律选择肥料类型。一般在基肥不足的情况下，可以选用大量元素水溶肥料或含腐植酸水溶肥料（大量元素型）；在基肥施用充足时，可以选用微量元素水溶肥料、含氨基酸水溶肥料、含腐植酸的水溶肥料（微量元素型）。

（2）合理的施用方法　可以叶面喷施、灌溉施肥、滴灌、喷灌和无土栽培等。

① 叶面喷施　把水溶肥料先行稀释溶解于水中进行叶面喷施，通过叶面气孔进入植物内部，可以极大地提高肥料吸收利用效率。水溶肥料多用于叶面喷施，为提高喷施的效果，选择合理的喷施时间和部位非常重要。一般选择在上午9～11时和下午3～5时喷施，喷施部位应选择幼嫩叶片的背面，一般7～10d喷1次，连续3次。一般情况下喷施浓度可选择稀释800倍液左右。此外，喷施应避免阴雨、低温或高温曝晒。要随配随用，不能久存，长时间存放产生沉淀，会降低肥料有效性。

② 灌溉施肥　在进行土壤浇水或者灌溉的时候，先行混合在灌溉水中，这样可以让植物根部全面地接触到肥料，通过根的呼吸作用把化学营养元素运输到植物的各个组织中。

③ 滴灌、喷灌和无土栽培　在一些沙漠地区或者极度缺水的地方，规模化种植的大农场，以及高品质高附加值经济作物种植园，人们往往用滴灌、喷灌和无土栽培技术来节约灌溉水并提高劳动生产效率，这叫做“水肥一体化”，即在灌溉的时候，肥料已经溶解在水中，浇水的同时也是施肥的过程。这时植物所需要的营养可以通过水溶性肥料来获得，即节约了用水和肥料，又节省了劳动力。

（3）合理的施用浓度　要掌握好施用浓度，浓度过低施用效果不明显，浓度过高会对作物产生危害，并且造成浪费。应根据产品使用说明书、肥料类型、作物种类、作物生长发育情况确定施用浓度。一般情况下喷施浓度可选择稀释800倍液左右。

（4）合理的施用时期　根据不同作物，选择关键的生长时期施用，以达到最佳效果。

（5）产品应贮存于阴凉干燥处，运输过程中应防压、防晒、防渗、防破裂。

注意事项

① 作物生长苗期或遇干旱、霜冻等不良环境时应酌情减少用量，增大稀释倍数。

② 本说明中稀释倍数指肥液通过毛管时的稀释浓度；叶面喷施应选择傍晚或阴天无风时进行。

③可与多种农药混合使用，但避免与强碱性农药混合作用。

④ 使用前，应取少量肥料与可能混用的物料、灌溉水等进行相容性检查。

⑤ 开封后应尽快使用，如出现吸湿结块，质量不受影响，仍可继续使用。

⑥ 本品对区域及土壤无特殊要求，因各地作物、土壤、气候及施肥习惯不同，用户应结合实际确定适宜的施肥量、施肥方法及施肥时期，如有疑问请参照当地土肥部门意见或拨打产品的服务热线。

大量元素水溶肥料（water-soluble fertilizers containing, phosphorus and potassium）

大量元素水溶肥料，是指以大量元素氮、磷、钾为主要成分的，按照适合植物生长所需比例，添加以微量元素铜、铁、锰、锌、硼、钼或中量元素钙、镁制成的液体或固体水溶肥料。

质量标准 执行行业标准NY 1107—2010。该标准规定固体产品的大量元素含量、微量元素含量≥50%；液体产品的大量元素含量≥500g/L。

施用方法 大量元素水溶肥料是一种将多种元素融入的水溶性肥料，营养全面，可以为作物提供所需的营养元素，可用作基肥、追肥、冲施肥、叶面施肥、浸种蘸根以及灌溉施肥。叶面施肥，把肥料先按要求的倍数稀释溶解在水中，进行叶面喷施，也可以和非碱性农药一起施用；灌溉施肥，包括喷灌、滴灌、冲施等，直接冲施易造成施肥不均匀，出现烧苗伤根、苗小苗弱的现象。生产中一般采取二次稀释法，保证冲肥均匀，提高肥料利用率。在施肥过程中，严格掌握用量，大量元素水溶肥养分含量高、速效性强，严格按照肥料使用说明方法和用量进行使用，避免造成肥害。

中量元素水溶肥料（water-soluble fertilizers containing calcium and magnesium）

中量元素水溶肥料，指以中量元素钙、镁按照适合植物生长所需比例，或添加以适量微量元素铜、铁、锰、锌、硼、钼制成的液体或固体水溶肥料。

质量标准 执行标准 NY 2266—2012。该标准规定液体产品 Ca≥100g/L，或者 Mg≥100g/L，或者 Ca+Mg≥100g/L。固体产品 Ca≥100%，或者 Mg≥10%，或者 Ca+Mg≥10%。

施用方法 中量元素水溶肥料，一般用作基肥、追肥和叶面喷肥。基肥与化肥或有机肥混合撒施或掺细砂后，单独撒施；追肥采用沟施或随水冲施；叶面喷肥在作物不同生长期，根据不同肥料特性和产品要求浓度进行喷施。

微量元素水溶肥料（water-soluble fertilizers containing micronutrients）

微量元素水溶肥料，是指由微量元素铜、铁、锰、锌、硼、钼按适合植物生长所需比例制成的或单一微量元素的液体或固体水溶肥料。

质量标准 执行行业标准 NY 1428—2010。该标准规定，固体产品的微量元素含量≥10%，液体产品的微量元素含量≥100g/L。

施用方法 微量元素水溶肥可用于基施、拌种、浸种以及叶面喷施等。拌种是用少量温水将微肥溶解，配成高浓度的溶液，喷洒在种子上，边喷边搅拌，阴干后播种。浸种是用含有微肥的水溶液浸泡种子，微肥的浓度为 0.01%～0.1%，时间为 12～24h，浸泡后及时播种，以免霉烂变质。叶面喷施为将可溶性微肥配成一定浓度的水溶液，对作物茎叶进行喷施，一般在作物不同生育时期喷一次。微量元素肥料一般与大量元素肥料配合施用，在满足植物对大量元素需要的前提下，施用微量元素肥料能充分发挥肥效，表现出明显的增产效果。

含腐植酸水溶肥料（water-soluble fertilizers containing humic-acids）

含腐植酸水溶肥料，是一种含有腐植酸类物质的新型肥料，也是一种多功能肥料。简称“腐肥”，群众称“黑化肥”“黑肥”等。它是以富含腐植酸的泥炭、褐煤、风化煤为原料，经过氨化、硝化等化学处理，或添加大量元素氮、磷、钾或微量元素铜、铁、锰、锌、硼、钼制成的液体或固体水溶肥料。能刺激植物生长、改土培肥、提高养分有效性和作物抗逆能力。

质量标准　执行农业行业标准 NY 1106—2010。

施用方法　含腐植酸肥料使用范围广，可用于蔬菜、瓜果、茶叶、棉花、水稻、小麦等各种粮食作物和经济作物，特别适宜生产绿色食品和有机食品，也可用作园林、苗圃、花卉、草坪等的专用肥。

含腐植酸水溶肥料主要用于基肥、拌肥、追肥、叶面喷肥、浸种以及蘸根等。

（1）作基肥　固体腐植酸肥料作基肥，每亩用量 100～150kg。浓度为 0.05%～0.1%，每亩用 250～400L 水溶液，可与农家肥料混合在一起施用，沟施或穴施均可。

（2）作追肥　在作物幼苗期和抽穗期前，每亩用 0.01%～0.1%水溶液 250L 左右，浇灌在作物根系附近。水田可随灌水时施用或水面泼施，能起到提苗、壮苗、促进生长发育等作用。追肥的时候，一定要按照书上的用量使用，浓度过高，会造成浪费，浓度过低，起不到应有的效果。对于芹菜、菠菜等叶菜类的蔬菜，一般在苗期追肥一次就可以了；而对于黄瓜、番茄、茄子等连续收获的果菜，可以在每茬收获后，冲施一次，有利于促进生长发育，延长结果期。

（3）叶面喷施　一般在作物花期喷施2～3次，每亩每次喷施量为50L，时间以14～18时为好，喷施浓度0.01%～0.05%。

（4）浸种　用稀释液浸泡种子5～8h。

（5）蘸根　一般移栽前用0.05%～0.10%的稀释溶液，浸根数小时后定植。

注意事项　含腐植酸水溶肥料可与大多数农药混用，但应避免与强碱性农药混用。对施肥时期要求相对较为严格，特别是叶面施肥，应选择在植物营养临界期施肥，才能发挥此类产品的最佳效果。避免直接冲施，要采取二次稀释法，以保证冲肥均匀，提高肥料利用率。还要严格控制施肥量，少量多次是最重要的原则。

含氨基酸水溶肥料（water-soluble fertilizers containing amino-acids）

含氨基酸水溶肥料，是指以游离氨基酸为主体的，以适合植物生长所需比例，添加适量微量元素铜、铁、锰、锌、硼、钼或中量元素钙、镁而制成的液体或固体水溶肥料，有微量元素型和钙元素型两种类型。

质量标准　执行行业标准NY 1429—2010。

施用方法　主要用于叶面施肥，也可用于浸种、拌种和蘸根。叶面喷肥，喷施浓度为1000～1500倍，一般在作物旺盛生长期喷施2～3次；浸种，一般在稀释液中浸泡6h左右，取出晾干后播种；拌种，将肥料用水稀释后均匀喷洒在种子表面，放置6h后播种。

注意事项　常用的生根剂类产品很多都是含氨基酸水溶肥料，有些不良企业在肥料中添加某些激素类物质，但在标签上又不会标注出来，施用后很容易出现诸如植株旺长、后期早衰、甚至激素中毒等现象，影响作物的产量和品质。因此，要购买正规企业的产品，并按照标签上标注的用量来施用。选购时要根据作物的种类和生长时期来挑选。

微量元素叶面肥料(foliarmicroelement fertilizer)

质量标准　执行国家标准 GB/T 17420—1998（适用于以微量元素为主的叶面肥料）。

施用方法　不同的微量元素叶面肥其施用方法不同，应以该产品的使用说明为准。以广东省乐昌市荣南微肥厂生产的仙灵牌微量元素叶面肥（蔬菜类）产品为例。该产品增产效果明显，经济效益大，具有增产抗病、提高蔬菜维生素 C 含量、促使瓜果外形整齐等作用，特别适用于塑料大棚生产，一般每亩可增产 20%～50%。

(1) 白菜类　如白菜、芥蓝、洋白菜、小白菜等。用于叶面喷洒，100g 用温水化开，对水 50kg 可施 1 亩。喷施时间：在苗期（8 片叶）、发棵期（莲座期）、结球期（外叶 24 片叶左右）各喷施 1 次，时间以晴天下午为好。喷洒在叶正反面都可，反面更好，若喷后 2d 内下雨应重喷。用于拌种，100g 先用 1kg 温水化开可拌种子 5kg，阴干即可播种。

作基肥时，用本品 1～2kg 掺入干细土 100kg 与其他肥料混合拌匀，在播种起垄前条施，或在最后一次耕田前撒施 1 亩。

(2) 根菜类　萝卜、胡萝卜等。苗期（5 片叶）、肉质根开始膨大期、肉质根肥大盛期各喷施 1 次，将本品用于叶面喷洒，100g 用温水化开，对水 50kg 可喷洒 1 亩。喷洒时以晴天下午 4～5 时以后为好，喷洒在叶的正反面都可，反面更好，喷后 2d 内下雨，应重新再喷。

作基肥时，用本品 1～2kg 掺入 100kg 干细土与其他肥料混合拌匀，在播种起垄前条施，在最后一次耕田时撒施 1 亩。

(3) 绿叶菜类　菠菜、芹菜、莴笋、空心菜、小萝卜等。将本品用于叶面喷洒，100g 用温水化开对水 50kg 可喷施 1 亩。喷施时间：苗期（3～4 叶）、旺盛生长期各喷施 1 次。喷后 2d 内下雨应重新施喷。

作基肥时，用本品 1～2kg 掺入干细土 100kg 与其他肥料混合拌匀，在播种起垄前条施，或最后一次耕田时撒施 1 亩。

（4）茄果类　番茄、茄子、辣椒等。苗期、结果期、盛果期各喷施 1 次，将本品用于叶面喷施，100g 温水化开，对水 50kg 可喷 1 亩。

作基肥时，用本品 1～2kg 掺入干细土 100kg 与其他肥料混合拌匀，在播种起垄前条施 1 亩。

（5）瓜果类　黄瓜、冬瓜、南瓜、丝瓜、苦瓜、西葫芦等。将本品用于叶面喷施，100g 用温水化开，对水 50kg 可喷洒 1 亩。

作基肥时，用本品 1～2kg 掺入 100kg 干细土与其他肥料混合拌匀，在播种起垄前条施，或在最后一次耕田前撒施 1 亩。

（6）葱蒜类　大蒜、韭菜、洋葱、大葱等。苗期、蒜薹期、生长期、葱白鳞茎生长期，将本品用于叶面喷施，100g 温水化开，对水 50kg 可喷施 1 亩。叶面喷施以晴天下午 4～5 时以后为宜，喷施叶的正反面都可，反面更好，喷后 2d 内下雨应重施再喷。

作基肥时，用本品 1～2kg 掺入 100kg 细土或与其他肥料拌匀，在播种起垄前条施，或最后一次耕田前撒施 1 亩。

（7）豆类　菜豆、扁豆，蚕豆、豌豆等。将本品用于叶面喷施，100g 温水化开，对水 50kg 可喷施 1 亩。喷施时间：苗期、结荚期、结荚后各喷施一次。喷施时以晴天下午 4～5 时以后为宜，喷洒叶的正反面都可，反面更好，喷后 2d 内下雨应重新喷。

作基肥时，用本品 1～2kg 掺入 100kg 干细土或与其他肥料拌匀，在播种前条施和撒施 1 亩。

第三节　缓控释肥料

缓控释肥料（slow/controlled release fertilizers）

缓控释肥料，是以各种调控机制使其养分最初释放延缓，延长植物对其有效养分吸收利用的有效期，使其养分按照设定的释放率和释放期缓慢或控制释放的肥料。其判定标准为：25℃静水中浸泡24h后未缓放出且在28d的释放率不超过75%的，但在标明释放期时其释放率能达到80%以上的肥料。缓控释肥料中具有缓释效果或控释效果的氮、磷、钾中的一种或多种养分统称缓控释养分。缓控释养分定量表述时不包含没有缓释效果的那部分养分量。如配合式为15-15-15的三元缓控释复混肥料中有10%的氮具有缓控释效果，则称氮为缓控释养分，定量表述时，则指10%的氮为缓控释养分。将缓控释肥料与没有缓控释功能的肥料掺混在一起而使部分养分具有缓控释效果的肥料，称部分缓控释肥料。

质量标准　执行标准 HG/T 3931—2007。

施用方法

（1）缓控释肥料施用量　首先，缓控释肥料的施用量要根据肥料的种类来确定。缓控释复合肥料，特别是作物专用型或通用型缓控释复合肥，其氮、磷、钾及其微量元素的配方比例是根据作物的需求和不同土壤中的丰缺情况来确定，因此可视作物和土壤的具体情况比普通对照肥料减少1/3～1/2的施用量，施肥的时间间隔要根据肥料控释期的长短来确定。目前大田作物上大面积应用的通常是缓控释肥料与速效肥料的掺混肥，其施用首先要考虑到包膜肥料的养分种类、含量及其所占的比例。例如某掺混肥料中仅含30%的硫包膜尿素，其他70%为常规速效复合肥，如果施用包膜尿素可以减少1/3施用量，则此肥料的施用量只能减少其中30%包膜尿素的1/3氮素用量，仅比常规的掺混肥减少10%左右的用量，而且速效磷和钾的配合比例还要相应地提高，因为这种掺混肥中只控释氮素而没有控释磷和钾。

缓控释肥的施用量还要根据作物的目标产量、土壤的肥力水平和肥料的养分含量综合考虑后确定。如果作物的目标产量高，也就是说如果要达到高产或超高产的产量水平，就要相应提高缓控释肥的施用量。另外，如果施用的是包膜尿素等单元素缓控释肥料时，还应该根据土壤的肥力状况和作物的营养特性配施适当的磷钾肥。

（2）缓控释肥料在各种作物上的施用

① 缓控释肥料在旱地作物上的施用　在旱地上施用缓控释肥料可在翻地整地之前，将缓控释肥用撒肥机或人工均匀撒于地表，然后立即进行翻地整地，使土壤与肥料充分混合，减少肥料的挥发损失。翻地整地后，可根据当地的耕作方式，进行平播或起垄播种。另外，也可以在播种后，在种子间隔处开沟施肥，施后覆土。

此外，还可以采用播种、施肥同步进行的机械进行作业。播种施肥一次作业时应该注意防止由于肥料施用量集中或肥料与种子间隔太近而出现的烧种现象（间距10cm以上）。

② 缓控释肥料在水稻上的施用　水稻田由于淹水，土层可分为氧化层和还原层。表施尿素肥料颗粒落在氧化层表面，在土壤脲酶的作用下，迅速转化为碳酸铵和碳酸氢铵。在氧化层由于硝化作用，形成的铵态氮迅速转化为硝态氮，硝态氮不易被土壤吸附而游离在水中或随渗漏水下移而流失。如果深施缓控释肥料，肥料留在还原层中，土壤脲酶活性相对较低，分解慢。此外，分解生成的铵态氮，大部分被土壤所吸附，相对减少了硝化、反硝化的发生。

另外，也可以将缓控释肥料与磷钾肥和中量微量元素按一定配比混合，在翻地前将肥料施入地表，然后将其翻入15～20cm土壤中，再进行泡田、整地、插秧。

③ 缓控释肥料在果树上的施用　缓控释肥料在果树上的施用方法主要有以下几种。

a. 以树冠投影外开环状沟或半环状沟施肥法。

b. 以树干为中心向外开辐射状沟的辐射施肥法。

c. 在果树行间开条状沟的条状施肥法。

挖沟时近树干一头稍浅，树冠外围较深，然后将缓控释肥施入后埋土，施肥深度在15～20cm。同时，应该配施有机肥、磷钾肥及微肥，保证果树所需各种营养，使果树获得更高产量。另外，还应根据缓控释肥的释放期和果树的养分需求规律，决定追肥的间隔时间。

④ 缓控释肥料在盆栽植物上的施用　缓控释肥料在盆栽植物上用作基肥时，肥料可与土壤或基质混匀，其施用量根据盆的体积

大小和所能装入土壤或基质的体积而定。在室内接受阳光较少的盆，肥料用量可减半。作盆栽作物追肥的用量与基肥相同，肥料均匀撒施于植物叶冠之下的土壤或基质表层。根据缓控释肥释放期，每3～9个月追施一次。

⑤ 缓控释肥料在薯类作物上的施用　对于马铃薯或甘薯用于底肥，适用硫酸型缓控释肥，集中条沟施。

⑥ 缓控释肥料在豆科作物上的施用　对于花生、大豆等自身能够固氮的作物，配方以低氮、高磷、高钾型为好，以提高作物本身的固氮能力。

⑦ 缓控释肥料在大棚蔬菜上的施用　在大棚蔬菜中施用缓控释肥，宜作为底肥，适用硫酸钾型缓控释肥，注意减少20%的施用量，以防止氮肥的损失，提高利用率，同时能减轻因施肥对土壤造成次生盐碱化的影响，防止氨气对蔬菜幼苗的伤害。

应用效果　研究表明，缓控释肥料可以减少施肥次数，降低劳动成本；同时还可以减缓养分的释放速度，促进作物对肥料养分的吸收，增加作物产量，提高肥料养分利用率等。

缓控释肥料在水稻上同样表现出显著的增产效果。在水稻上一次性施用缓控释肥料，肥料养分供应平衡，水稻成穗数和穗粒数明显增加，显著提高水稻生长中后期的叶绿色含量，显著增加水稻产量。

此外，缓控释肥料还可以减少氨的挥发和氧化亚氮的排放，减轻施肥对环境的污染。有研究表明，缓控释肥能显著地降低N_2O的排施量，在施肥后的100d内，缓控释肥的N_2O累积排放量仅为未包膜复合肥的13.5%～21.3%。

缓释肥料（slow releasc fertilizer）

缓释肥料，是指以通过养分的化学复合或物理作用，使其对作物的有效态养分随着时间而缓慢释放的化学肥料。缓释肥料中具有缓释效果的氮、钾中的一种或两种养分，统称缓释养分。缓释养分定量表述时不包含没有缓释效果的那部分养分量，如配合式为15-15-15的三元缓释复混肥料中10%的氮具有缓释效果，则称氮为缓释养分，定量表述时，则指10%的氮为缓释养分。将缓释肥料与没有缓释功能的肥料掺混在一起而使部分养分具有缓释效果的肥料，则称为部分缓释肥料。

质量标准　执行国家标准GB/T 23348—2009。

施用方法　一般的缓释复合（混）肥料是将包膜尿素与磷、钾肥掺混使用，实际上是含有缓释尿素的掺混肥料。其中的缓释性包膜尿素是缓释肥料的关键。

旱地作物上，缓释性掺混肥料一般用作基肥，并且不需要进行追肥；施肥深度在10～15cm；施肥量可以根据土壤肥力状况以及目标产量决定，可以根据作物需肥量及肥料养分量计算适宜的施肥量，一般来说，普通肥力水平上，每亩施30～50kg，可保证作物获得较高的产量。

玉米可采用全层施肥法，也可以采用侧位施肥法和种间施肥法，肥料与种子间隔5～7cm。小麦可以在播种前，结合整地一次性基施。棉花也可结合整地一次性基施，可以有效地解决棉花多次施肥的难题。

水稻上，主要采用全层施肥法，即在整地时将肥料一次基施土壤中，使肥料与土壤在整地过程中混拌均匀，再进行放水泡田。一般也不需要追肥。

脲醛缓释肥料（urea aldehyde slow release fertilizer）

脲醛缓释肥料，是指由尿素和醛类在一定条件下反应制得的有机微溶性氮缓释肥料。

质量标准　执行标准HG/T 4137—2010。主要的品种有脲甲醛（UF/MU）、丁烯叉二脲（CDU）和异丁叉二脲（IBDU）。该标准也适用于含有脲醛缓释肥料的复混掺混肥料。

脲甲醛及其施用方法　脲甲醛（urea formaldehyde，简称

UF)，又称尿素甲醛，含氮36%～38%，其中冷水不溶性氮占28%，是缓释氮肥中开发最早且实际应用较多的品种，其主要成分为直键甲撑脲的聚合物，含脲分子2～6个。这一产品是由尿素和甲醛缩合而成的，甲醛是一种防腐剂，施入土壤后抑制微生物的活性，从而抑制了土壤中各种生物学转化过程而使其长效，当季作物仅释放30%～40%。其最终产物为不同链长和分子量的甲基尿素聚合物的混合物，聚合物的范围从一甲基二脲至五甲基六脲，尿素甲醛的活度决定于该混合物中不同聚合物的比例。分子链越短的，其氮素就越易被作物吸收利用。

脲甲醛的农业有效性常以在冷水中和热水中溶解度不同的组分之间的比例来表示，并计算为氮素活度指数，该指数所表达的直接含义是肥料中溶于热水的氮对不溶于冷水氮的百分率。在几项参数中，冷水溶性氮和残留尿素氮是速效性氮；热水可溶氮是缓释性氮；热水不溶性氮是缩合度更高的尿素甲醛，其释放期很长，甚至可达数年。农业上一般要求，至少有40%的氮不溶于冷水而应溶于热水，标准的氮素活度数值是50%～70%。

工业上生产尿素甲醛有多种方法，当前较为常用的是两种主要方法：甲醛稀溶液法和甲醛浓溶液法。

(1) 施用方法

① 脲甲醛缓释氮肥的基本优点是在土壤中释放慢，可减少氮的挥发、淋失和固定；在集约化农业生产中，可以一次大量施用不致引起烧苗，即使在砂质土壤和多雨地区也不会造成氮素损失，保持其后效。常见脲甲醛肥料的品种有尿素甲醛缓释氮肥、尿素甲醛缓释复混肥料、部分脲醛缓释掺混肥料等，既有颗粒状也有粉块状，还可配制液体肥供施用。

② 脲甲醛施入土壤后，主要在微生物作用下水解为甲醛和尿素，后者进一步分解为氨、二氧化碳等供作物吸收利用，而甲醛则留在土壤中，在它未挥发或分解之前，对作物和微生物生长均有副作用。

③ 脲甲醛常作基肥一次性施用，可以单独使用，也可以与其

他肥料混合施用。以等氮量比较，对棉花、小麦、谷子、玉米等作物，脲甲醛的当季肥效低于尿素、硫酸铵和硝酸铵。因此，将脲甲醛直接施于生长期较短的作物时，必须配合速效氮肥施用。如不配速效氮肥，往往在作物前期会出现供氮不足的现象，而难以达到高产目标，却白白增加了施肥成本。在有些情况下要酌情追施硫酸铵、尿素。当然，任何情况下基肥也不能忽视磷钾肥的匹配，如单质过磷酸钙和氯化钾等。

④ 由于脲甲醛这种肥料的价格很高，目前在农作物上还很少使用。在国外常用于高尔夫草地、蔬菜、观赏植物及多年生果树上，在日本脲甲醛肥料用于水稻田。

(2) 注意事项

① 脲甲醛产品性能　根据国家已发布的相应标准规定，脲甲醛肥料产品应在包装袋上标明总氮含量、尿素氮含量、冷水不溶性氮含量、热水不溶性氮含量，如产品为吨包装时，只需标明脲醛种类、总氮含量、尿素氮含量、冷水不溶性氮含量、热水不溶性氮含量、净含量、生产企业名称、地址。

② 在选购脲甲醛肥料产品时，要通过仔细阅读或找有关人员咨询了解产品性能，以防看不准。尤其目前市场上许多广告宣传不但不切实际地夸大，还有套用新型肥料欺骗和误导消费者的现象。

丁烯叉二脲及其施用方法　丁烯叉二脲（crotonylidene diurea，简称 CDU），又名脲乙醛，是一种常用的脲醛类缓释肥料，由乙醛缩合为丁烯叉醛，在酸性条件下再与尿素结合而成。

丁烯叉二脲在土壤中的溶解度与土壤温度和 pH 值有关，随着土壤温度的升高和土壤溶液酸度的增加，其溶解度增大。丁烯叉二脲在酸性土壤上的供肥速率大于在碱性土壤上的供肥速率。施入土壤后，分解的最终产物是尿素和 β-羟基丁醛，尿素进一步水解或直接被植物吸收利用，而 β-羟基丁醛则被土壤微生物氧化分解成二氧化碳和水，并无残毒。

丁烯叉二脲可作基肥一次施用。当土壤温度为 20℃ 左右时，丁烯叉二脲施入土壤 70d 后有比较稳定的有效氮释放率，因此，施于牧草或观赏草坪肥效较好。如果用于速生型作物，则应配合速效氮肥施用。

异丁叉二脲及其施用方法 异丁叉二脲（isobutylidene-diurea，简称IBDU），别名亚异丁二脲、脲异丁醛，含氮32.18%，在水中溶解度很小。异丁叉二脲属于尿素深加工产品，其生产方法是用尿素和异丁醛在催化剂作用下经缩合反应生成，一般反应温度控制在50℃左右，生成的异丁叉二脲不溶于水，结晶析出后经分离即得合格产品。

异丁叉二脲适用于各种作物，作基肥用时，它的利用率比尿素甲醛高一倍。还可以用作缓释氮肥，用于花卉栽培。施用方法灵活，可单独施用，也可作为混合肥料或复合肥料的组成成分。可以按任何比例与过磷酸钙、熔融磷酸镁、磷酸氢二铵、尿素、氯化钾等肥料混合施用。

此外，异丁叉二脲也可以作为饲料添加剂使用，用作饲料添加剂可以代替蛋白质饲料，使反刍动物增重、增奶。

硫包衣尿素(sulfur coated urea)

硫包衣尿素（英文简称SCU），简称硫包尿素或涂硫尿素，即使用硫黄为主要包裹材料对颗粒尿素进行包裹，实现对氮的缓慢释放的缓释肥料。硫包衣尿素是美国、日本、欧洲市场上较为普遍的肥料品种。包膜的主要成分除硫黄粉外，还有胶结剂和杀菌剂。在硫包膜过程中，胶结剂对密封裂缝和细孔是必需的，而杀菌剂则是为了防止包膜物质过快地被微生物分解而降低包膜缓释作用。硫包衣尿素的含氮率范围在10%～39%，取决于硫膜的厚度，一般通过调节硫膜的厚度可改变其氮素释放速率。硫包衣尿素只有在微生物的作用下，使包膜中硫逐步氧化，颗粒分解而释放氮素。硫被氧化后，能产生硫酸，从而导致土壤酸化：$2S+3O_2+2H_2O \longrightarrow 2H_2SO_4$。较大量的$SO_4^{2-}$在通透性很差的水田中，可能被还原，产生硫化氢，对水稻产生毒害作用。因此，在水稻田中不宜大量施用硫包衣尿素肥料。

质量标准 执行标准GB 29401—2012。也适用于硫包衣缓释氮肥、硫包衣缓释复混肥料和含有部分硫包衣尿素的缓释掺混肥料。

施用方法 硫包衣尿素适用于生长期长的作物，如牧草、甘蔗、菠萝以及间歇灌溉条件下的水稻等，不适于快速生长的作物，如玉米之类。硫包衣尿素比普通尿素被作物吸收的有效利用率可提高一倍，硫包衣尿素作为水稻的氮源是有前途的，某些硫包衣尿素获得的谷物产量，明显高于使用尿素而获得的谷物产量。作为追肥，不论是什么作物，追肥后必须浇水，以便发挥硫包衣尿素的肥效。我国大部分土壤缺硫，用硫包衣尿素非常必要。可作底肥、追肥，可使用各种施用方法。

（1）小麦 可作底肥和追肥，在土壤肥力较高的地块作底肥亩施30～35kg，作追肥亩施15～20kg，施底肥可在犁地后撒入犁沟，追肥可用耧沟施于小麦行间。低肥麦田可适当提前追施，高肥地麦苗生长肥可适当推迟追肥期，小麦生长不旺，正常的麦田可在2月中旬追。

（2）水稻 秧田2～3叶1心时亩施4～5kg硫包衣尿素，在拔秧栽秧前3～4d，亩施7～8kg，在本田水稻分蘖至拔节期亩施硫包衣尿素16～18kg，孕穗至灌浆期亩施10～13kg。

（3）玉米 夏玉米在拔节前亩追硫包衣尿素15～17kg，在大喇叭口期亩追施30～36kg。

（4）油菜 在3月下旬蕾薹期高肥地每亩追硫包衣尿素20～26kg，薄地油菜田追25～30kg。

（5）大蒜 在开春后3月份亩追施硫包衣尿素20～25kg，抽蒜薹后亩追30kg。

（6）棉花 亩施25～30kg硫包衣尿素和30～40kg磷肥作底肥，在棉花化铃期7月中旬亩追施硫包衣尿素30～35kg，在棉株坐桃2～3个大铃开始追。

（7）西瓜 整地施底肥时，每亩施腐熟完全的有机肥1000kg，硫包衣尿素 25kg，磷肥 30kg 和钾肥 10～15kg，在瓜秧定植后 10d 每亩用 7～8kg 硫包衣尿素对水，以株为单位围根点浇，以促进根的生长，在幼瓜生长到鸡蛋大时每亩追施 20～25kg 的硫包衣尿素、10kg 过磷酸钙与 10～15kg 钾肥，一起混合开沟穴施。

注意事项 硫包衣尿素施入土壤后，在微生物作用下，使包膜中的硫逐步氧化，颗粒分解而释放氮素。硫被氧化后，产生硫酸，从而导致土壤酸化。故水稻田不宜大量施用硫包氮肥，其适于在缺硫土壤上施用。

硫包衣尿素的氮素释放速率与土壤微生物活性密切相关，一般低温、干旱时释放较慢，因此冬前施用应配施速效氮肥。

长效碳酸氢铵（long acting-ammonium bicarbonate）

长效碳酸氢铵（简称 LAAB），又称缓释碳酸氢铵（slow release ammonium bicarbonate，简称 SRAB），即在碳酸氢铵粒肥表面包上一层钙镁磷肥。在酸性介质中钙镁磷肥与碳酸氢铵粒肥表面起作用，形成灰黑色的磷酸镁铵包膜。这样既阻止了碳酸氢铵的挥发，又控制了氮的释放，延长肥效。包膜物质还能向作物提供磷、镁、钙等营养元素。长效碳酸氢铵物理性状的改良，使其便于机械化施肥。

施用方法

（1）水稻 主要采用全层施肥法，每亩参考用量为 60～80kg，肥料充分混匀之后在翻地前施于地表，然后将其翻入 15～20cm 深的土壤还原层中，再进行泡田、整地、插秧。水稻施用长效碳酸氢铵，基施与追施比例大约为 7∶3，即 70%左右的长效碳酸氢铵作基肥，30%左右的长效碳酸氢铵作追肥。

（2）小麦 主要采用全层施肥法，每亩参考用量为 30～60kg。在耕翻整地前用人工或撒肥机把混匀后的长效肥料撒于地表，立即进行犁地，将肥料翻入 15～20cm 深的土壤层中，然后进行播种。

（3）玉米 每亩参考用量为 70～80kg，肥力较高、蓄水蓄肥能力较强的黏质土壤，参考施肥量一般为60～70kg。在玉米播种整地前或在玉米播种时将其一次性施入，免去追肥工序，省工省力；施肥深度一般为10～15cm；肥料与种子之间的距离不少于10cm，以避免烧种伤苗。

（4）黄瓜、番茄等蔬菜　每亩参考施用量为100～130kg，适宜的施用量应根据蔬菜品种、目标产量、菜地土质等因素来确定。施用方法为一次基施，常用的有垄沟施肥法和全层施肥法，应根据蔬菜的栽培方式而定。

① 垄沟施肥法　在整地前，将长效碳酸氢铵与农家肥、磷、钾等肥料混合，均匀施入垄沟，垄沟的深度在20cm左右，然后起垄播种或栽植；垄作可采用垄沟施肥法。

② 全层施肥法　在整地前，将长效碳酸氢铵与农家肥、磷、钾等肥料混合，均匀施于地表，然后翻入20cm深的土壤层中，再作畦播种或栽植；畦作宜用全层施肥法。

（5）苹果等果树　长效碳酸氢铵在果树上的参考施用量一般为每亩50～80kg。常用的施肥方法有如下3种。

① 条状施肥法　在果树的行与行之间开条状沟，深度为15～30cm，把肥料均匀施入，然后用土压实。

② 辐状施肥法　以树干为中心向外开辐射状沟，深度为15～30cm，把肥料均匀施入，然后用土压实。

③ 环状施肥法　树冠投影外开环状或半环状沟，深度为15～30cm，把肥料均匀施入，然后用土压实。

长效尿素（long acting-urea）

长效尿素（英文简称LAU），又叫缓释尿素（slow release urea，简称SRU），长效尿素是在普通尿素生产过程中添加一定比例的脲酶抑制剂或硝化抑制剂而制成的。长效尿素为浅褐色或棕色颗粒，含氮46%。作基肥或种肥一次施入，不必追肥。

施用方法　由于长效尿素肥料期长，利用率高，所以在施用技术上与普通尿素有所不同。具体应用效果和施用技术因不同作物而异，同时要与不同耕作制度和土壤条件结合起来，尽可能简化作用，节省费用。对一般作物，如小麦、水稻、玉米、棉花、大豆、油菜，可在播种（移栽）前1次施入。在北方除春播前施用外，还可在秋翻时将长效尿素施入农田。如需要作追肥，一定要提前进行，以免作物贪青晚熟。长效尿素施用深度为10～15cm，施于种子斜下方或两穴种子之间或与土壤充分混合，既可防止烧种烧苗，又可防止肥料损失。

（1）水稻　长效尿素用作基肥要深施，每亩参考用量为12～16kg，施肥深度一般为10～15cm。

（2）小麦　每亩参考用量为10～15kg。垄作时，先将肥料撒在原垄沟中，然后起垄，肥料即被埋入垄内；或者整地起垄后，施肥与播种同时进行。不管怎样施肥，要保证种子与肥料间的隔离层在10cm以上。畦作小麦，通常采用全层施肥的方法，即先将肥料均匀地撒在地表，然后翻地将肥料翻入土中，然后进一步耙地、作畦、播种，此时肥料主要在下层，少部分肥料分布在上层土壤里。畦作小麦的翻地深度应不低于20cm，以免肥料过于集中，影响小麦出苗。

（3）玉米　施肥方法有以下3种。

① 全层施肥法　在翻地整地之前，将缓释肥料用撒肥机或人工均匀撒于地表，然后立即进行翻地整地，使肥料与土壤充分混合，减少肥料的挥发损失，翻地整地后，可根据当地的耕作方式，进行平播或起垄播种。

② 种间施肥法　播种时，先开沟，用人工将肥料施在种子间隔处，使肥料不与种子接触，保证一定的间隔，防止烧种，在人多地少、机械化程度不高地区，多采用种间施肥法。

③ 侧位施肥法　采用播种施肥同步进行的机械，使种子与肥料间隔距离10cm以上，播种、施肥一次作业，注意防止由于肥料施用量集中出现的烧种现象。

每亩参考施用量为15～22kg。要注意种子与肥料的距离，一般以10～15cm为宜。施肥量越大，要求肥料与种子之间保持的距离越大。长效尿素最好施在种子的斜下方，而不宜施在种子的垂直下方，以防幼根伸展时受到伤害。

(4) 大豆　要注意既能满足大豆对氮素的需要，又不妨碍根瘤的正常固氮。长效尿素采用侧位深施肥方式，深开沟侧位施肥，合垄后，在另一侧等距离点播或条播种子，每亩10kg左右为宜。北方地区，也可采用类似玉米的秋季施肥方式。

(5) 棉花　垄作时，采用条施，先开15cm深的沟，将长效尿素均匀撒入沟内，必要时与其他肥料一起施在沟内，然后合垄，常规播种。

(6) 高粱　每亩参考用量为15～25kg，肥料与种子不能接触，应采用偏位施肥法，以防止长效尿素作基肥施用时烧伤种子和幼苗。即首先深开沟，把肥料点施于播种沟的一侧（使肥料施于深15～20cm的土壤层中)，然后种子点播在另一侧。为了防止烧伤种苗，在北方宜采用秋翻地施肥或早春深施肥，隔7～10d后再播种。

(7) 花生　每亩参考用量为5～10kg，再根据土壤肥力和目标产量加以确定，并配以有机肥、磷肥和钾肥。施肥方法采用条播深施法，即一次基施侧位施肥，深开沟侧位施肥，合垄后，在另一侧等距点播或条播花生种子。

(8) 油菜　施用量应根据油菜品种、目标产量以及土壤肥力来确定。最好配施硫酸钾肥。施肥方法是将长效尿素与其他所有的肥料混在一起，条施于种子的侧面下方，确保肥料与种子之间的距离不小于10cm，以防止烧种伤苗。

(9) 甘蔗　一次基施长效尿素不能满足甘蔗整个生育期的需要，但是可以减少追肥次数，一般追施1～2次即可。每亩参考施用量为40～60kg。一般以50%的肥料作基肥，另50%作为追肥分两次追施，追肥的时间要适当提前。特别是在后期要控制氮肥不要过多，避免氮素供应过多影响糖分的积累。施用方法可以采用侧位条施或全层施用法，但要注意肥料和插种蔗苗的距离，以防烧根伤苗。

（10）甜菜　每亩参考施用量为5～30kg。施用方式可采用穴施或条施方法，种子与肥料之间的距离为12～15cm，以免伤害甜菜幼苗。

长效复合(混)肥(controlled release compound fertilizer)

长效复合（混）肥（英文简称CRCF），又称缓释复合（混）肥。在复合（混）肥工业生产过程中，添加适当的适量抑制剂或活化剂，即可生产出缓释复合（混）肥料。中国科学院沈阳应用生态研究所研制出系列缓释专用复合（混）肥，具有缓释长效、高浓度、多元素等特点，并根据不同土壤类型和不同作物品种，进行科学配方，专用性强。

施用方法

（1）水稻　采用全层施肥法，每亩参考用量为12～16kg。将混匀后的肥料在整地时一次基施，使肥料与土壤在整地过程混拌均匀，翻入15～20cm深的土壤还原层中，再进行泡田、整地、插秧。水稻施用长效复合（混）肥后，一般不需要再进行追肥。

（2）小麦　每亩参考用量为10～15kg，在整地时一次基施，使肥料与土壤在整地过程中混拌均匀，翻入深约15cm的土壤层中，再进行播种。一般不需再进行追肥。

（3）玉米　长效复合（混）肥一次基施，不需要再进行追肥。施肥方法有全层施肥法、种间施肥法、侧位施肥法等3种，可根据具体条件加以选用。一般施肥深度为10～15cm，为了避免烧种伤苗，肥料与种子之间的距离必须大于5cm；施肥量应根据土壤肥力状况和玉米目标产量决定，一般肥力土壤的参考施肥量为50～60kg。

控释肥料(controlled release fertilizer)

控释肥料，是指能按照设定的释放率（单位:%）和释放期

（单位：d）来控制养分释放的肥料。控释肥料中具有控释效果的氮、钾中的一种或两种养分统称控释养分，控释养分定量表述时不包含没有控释效果的那部分养分量。如配合式为15-15-15的三元控释复混肥料中占肥料总质量10%的氮具有控释效果，则称氮为控释养分，定量表述时，则指10%的氮为控释养分。控释养分的释放时间，以控释养分在25℃静水中浸提开始至达到80%的累积养分释放率所需的时间（d）来表示。

质量标准 执行标准HG/T 4215—2011。适用于由各种工艺加工而成的单一、复混（合）、掺混（BB）控释肥料。

施用方法 控释肥在农业上的施用范围非常广泛，粮食作物、油料作物以及蔬菜瓜果等均可以应用，但具体的施用方法和施用量因作物不同而不同。

（1）小麦 作基肥使用，一般每亩施控释肥40kg左右，施肥宜撒施或条施。撒施：在整地前均匀撒施于地表，然后翻地耙平，播种小麦；条施：先整地耙平，然后用机械条播，一行麦种间隔一行肥料，肥料施在种子的侧下方，深6～8cm，并覆土。生产中要根据土壤肥力和产量确定具体施肥量，高产麦田需要较高的施肥量；要根据麦田的保肥水能力确定是否需要追肥，砂性土壤要视苗情追肥；注意种肥隔离，以5～10cm为宜。

小麦使用控释肥后，在小麦的生长初期，表现为出苗全，麦苗长势旺，苗壮、苗青、苗高；在返青分蘖期，表现为返青快，分蘖多；在生长中后期，表现为株高苗壮，叶片宽厚肥大，叶色呈现深绿色，根系发达，很少有倒伏现象；在结穗期，表现为无效穗少，成穗率提高15%～20%，穗大且多，产量高，平均每亩产量增加15%左右；同时在整个生长期，麦苗生产健壮，抗病虫害能力强，病虫害发生很轻。

（2）玉米 一般玉米田块每亩用40～50kg，在玉米苗期一次施入作为底肥，穴施或条施，距根5～10cm施用，注意覆土，不要把肥料直接撒施在土壤表面。施用量要根据目标产量而定，超高产玉米田块，每增加100kg的玉米产量，需增加施用量10～15kg。

玉米使用控释肥后，根系比较发达，固定根粗壮。前期控制幼苗长势，增强抗倒伏性；发育期植株长势健壮，根系发达，叶片肥厚，叶色深绿，光合作用强；成熟期棒大，籽粒饱满，秃顶小，产量提高。

（3）水稻　一般在插秧前一次性均匀撒施于地表，耕翻后种植，一般每亩施控释肥 35～40kg。

水稻使用控释肥后，秧苗平均高度增加，有效分蘖较多，并减少了无效分蘖。生长期叶色较深，秸秆强壮，抗倒伏；穗期成穗多，穗大，籽粒饱满，结实率提高，产量提高。

（4）棉花　可在距离棉苗 15cm 处沟施或穴施，施后覆土；施用量因产量、地力不同而异，一般每亩施用量为 35～40kg。

棉花使用控释肥后，苗期植株叶片较厚。在花铃期生长旺盛，现蕾数多，结铃多，铃大；开花结铃期长，增产效果明显。

（5）花生　以低氮高磷高钾型配方为好。作为底肥条沟施用，施用量因产量、地力不同而异，一般每亩施用量为 20～40kg。

花生使用控释肥后，花生叶色浓绿，植株平均较高，荚果数量多，籽粒饱满，荚果成熟较早，根系比较发达，单株果数、单株果重和饱仁重都明显提高，产量得到显著提高。同时提高了花生籽粒蛋白质的含量，花生籽粒中脂肪含量、可溶性糖的含量、维生素 C 含量及氨基酸含量也均不同程度地得到提高，花生的品质也得到明显的改善。

（6）苹果、桃、梨等果树　可在离树干 1m 左右的地方呈放射状或环状沟施，深 20～40cm，近树干稍浅，树冠外围较深，然后将控释肥施入后埋土。应根据控释肥的释放期，决定追肥的间隔时间。一般情况下，结果果树每株 0.5～1.5kg，未结果果树每亩施 50kg。

果树使用控释肥后，树势强壮，叶片浓绿较厚；果实较大，均匀，颜色鲜亮；结果多，产量提高；在部分树种上果实硬度、可溶性固形物、维生素 C 含量等提高，品质提高明显。

（7）葡萄　控释肥在葡萄上施用可分四个阶段：第一阶段是在

葡萄萌芽以后长到15～20cm，每亩追施40kg控释肥加5～10kg氮肥；第二阶段是葡萄谢花以后，葡萄长到黄豆粒大小时再追施60kg左右控释肥；第三阶段是葡萄开始膨大时，也就是着色阶段，可以再追施60kg控释肥；第四个阶段是葡萄下架以后，挑出沟来，施有机肥，每亩施2000～2500kg，也可以适当施15～25kg控释肥，采用条沟施比较合适，距离葡萄40cm左右，呈三角式犁沟，埋好土以后，再跟一遍水，尽量不要透气和干燥。

葡萄使用控释肥后，葡萄植株长势好，显著降低了葡萄的新梢长度和节间长度，新梢夏芽萌发的副梢数量明显减少，枝蔓粗壮；叶片颜色浓绿、叶片较厚；果实较大、穗整齐、果实成熟较早，着色比较均匀，成熟期提前2～3d左右，糖度显著提高。

（8）蔬菜　科学配合有机肥施用，一般亩施用控释肥35～50kg。可撒施，均匀撒于地表，翻耕、耧平耙实，也可沟施，深度6～8cm，覆土。适宜在生长期较长（不低于50d）的蔬菜上施用，每收获一批产品，需要冲施20kg左右的冲施肥；种肥离5～6cm为宜；重视蔬菜田的轮作。

蔬菜使用控释肥后，植株比较健壮，抗病、抗逆性较强。在番茄上应用，后期能明显促进番茄的生长发育，株高、茎粗显著增加，颜色浓绿，果实着色、个头较均匀，脐腐病的发病轻；番茄品质改善明显（糖酸比、维生素C和可溶性蛋白含量增加，硝酸盐含量降低）。大葱施用控释肥株高、茎粗、葱白长均有所提高，产量（增产22.0%以上）和品质提高明显（维生素C含量提高1.64%～24.29%，硝态氮含量降低23.18%～39.71%）。

（9）马铃薯　用于底肥，每亩施控释肥75～90kg，集中条沟施，覆土；种肥离5～6cm为宜。

试验表明，施用控释肥平均使马铃薯株高增加5.94%，茎粗增加9.04%，叶绿素增加5.55%；干物质量提高8.86%，单块茎重提高11%，产量提高8.35%；病害减少，地下害虫危害减轻，薯块色泽好，无虫眼；维生素C和可溶性糖含量增加，品质提高。

注意事项

（1）肥料种类的选择　目前控释肥根据不同控释时期和养分含量有多个种类，不同控释时期主要对应于作物生育期的长短，不同养分含量主要对应不同作物的需肥量，因此施肥过程中一定要有针对性地选择施用。

（2）施用时期　控释肥一定要作基肥或前期追肥，即在作物播种时或在播种后的幼苗生长期施用。

（3）施用量　建议农作物单位面积控释肥按照往年施肥量的80％进行施用，要根据不同目标产量和土壤条件相应适当增减。

（4）施用方法　施用控释肥要做到种肥隔离，沟（条）施覆土，像玉米、棉花等一般要求种子和肥料的间隔距离在7～10cm，施入土中的深度在10cm左右。

稳定性肥料（stabilized fertilizer）

稳定性肥料，是指经过一定工艺加入脲酶抑制剂和（或）硝化抑制剂，施入土壤后能通过脲酶抑制剂抑制尿素的水解，和（或）通过硝化抑制剂抑制铵态氮的硝化，使肥效期得到延长的一类含氮肥料（包括含氮的二元或三元肥料和单质氮肥），是在传统肥料中加入氮肥增效剂来延长肥效期这样一类产品的统称。它是稳定肥料的添加剂，也就是抑制剂。

稳定性肥料具有肥效期长（一次施肥，养分有效期可达110～120d），养分利用率高（平均养分利用率可达42％～45％，其中氮素利用率达40％～45％，磷利用率为25％～30％，比普通肥料利用率提高12％～15％），平稳供给养分，增产效果明显（作物平均增产幅度10％以上，减少20％用肥量不减产），环境友好，降低面源污染，成本低（成本增加只有普通复合肥的2％～3％），可以广泛用于粮食作物等优点。

主要类型　第一类是稳定性的复合氮肥；第二类是稳定性的尿素；第三类是稳定性复合肥，包括目前推向市场的长效二铵；第四类是稳定性掺混肥。

质量标准 执行化工行业推荐性标准 HG/T 4135—2010。

施用方法

(1) 玉米 稳定性肥料在东北地区可以采用“一炮轰”的方法，可以做到一次性施肥免追肥，一般以 25～55kg（东北地区 30～40kg）作底肥一次性施入，需要注意的是要做到种肥隔离（7cm 以上）。

(2) 水稻 稳定性肥料在水稻上的一般施肥量：早稻用量为 30～40kg/亩，晚稻用量为 40～50kg/亩，单季稻用量为 50～60kg/亩，作底肥一次性施入，可根据实际情况追施返青肥。

(3) 小麦 一般有机肥、磷肥全部作底肥，稳定性肥料可结合耕地亩施有机肥 1000～1500kg，以 50～60kg/亩作底肥一次性施入。

(4) 大豆 结合耕翻整地亩施有机肥 1000～2000kg，稳定性大豆专用肥 25～30kg 作底肥一次性施入。

(5) 花生 一般每亩施有机肥 2500～3000kg，稳定性复合肥 40～60kg，硼砂 1kg，作底肥一次性施入，并精细整地。

(6) 棉花 一般结合整地亩施农家肥 1000～1500kg，稳定性肥料 45～55kg 作底肥一次性施入。

(7) 茶树 稳定性肥料亩施用量约 150kg，一年分两次施入。施入方法为植株旁 15cm 深的沟进行沟施。施肥时间 5 月上中旬一次，另一次施用时间一般在 11 月中下旬至 12 月上旬（以 20 年生茶树为参考）。

(8) 甘蔗 一般亩施充分腐熟的有机肥 1500～2000kg，配以亩施纯氮磷钾 67～80kg。稳定性肥料基肥施用 35%、追肥施用 65%（5 月底）。

(9) 马铃薯 底肥：一般亩施有机肥 2000～3000kg，稳定性肥料（16-8-18）80～120kg，作底肥一次性施入。基肥：一般在耕地前，将肥料撒施地表，随耕地翻入土中，耕深以 20～25cm 为宜。

(10) 辣椒　亩施有机肥 3000～5000kg 作底肥，稳定性肥料亩施用量为 120kg，一次性施入。

(11) 胡萝卜　一般亩施腐熟有机肥 1000kg 和稳定性肥料 50～60kg，作基肥一次性施入，施肥后深耕细耙。

(12) 加工番茄　一般亩施优质的腐熟有机肥 5000～6000kg 和稳定性肥料 60～70kg，作底肥一次性施入。

(13) 苹果　基肥：不同树龄的果实施肥量不同，亩产 1000kg 苹果，农家肥施用 1000kg；亩产 2000kg 苹果，农家肥施用 2500～3000kg；亩产 3000kg 苹果，农家肥施用 3000～5000kg。同时施入稳定性肥料 30～40kg。追肥：可在土壤化冻后至苹果发芽前（3 月 10～30 日）施用，亩施稳定性肥料 50～60kg。

(14) 龙眼　施用稳定性肥料可减少施肥次数，在 2 月份（鱼籽期前）利用断根沟施 50kg/株鸡鸭粪的底肥，5 月底（幼果期）施入稳定性肥料 1.2～1.4kg/株，9 月中旬（采果后）再次施入 1.2～1.4kg/株（以 20 年生为依据）。

(15) 菠萝　建议施用稳定性肥料 90～130kg/亩，其中 30%基施，70%追施。

注意事项

① 稳定性肥料的特点就是速效性慢，持久性好，为了达到肥效的快速吸收，和普通肥料相比，需要提前几天时间施用。

② 理论上稳定性肥料肥效久，肥效达到 90～120d，常见蔬菜、大田作物一季施用一次就可以了，注意配合使用有机肥，效果理想。

③ 如果是作物生长前期以长势为主，需要补充氮肥，见效快，不如施用尿素。

④ 稳定性肥料溶解比较慢，适合作底肥。

⑤ 各地的土壤墒情、气候、水分、土质、质地不一样，需要根据作物生长状况进行肥料补充。

⑥ 稳定性肥料是在普通肥料的基础上面添加的一种肥料增效剂，主要是达到肥效缓释的作用。

第四节　其他新型肥料

海藻肥 (seaweed fertilizer)

海藻肥，是以海藻为原料，通过生物酶、酸碱降解等生化工艺分离浓缩得到的天然海藻提取物或与其他营养物质科学地进行复配，是一种新型的绿色肥料。海藻肥的原料是天然大型经济类海藻，如巨藻、泡叶藻、海囊藻等。海藻肥的发展经历了三个阶段：腐烂海藻→海藻灰（粉）→海藻提取液。因此，海藻肥在国外市场也被称为海藻精、海藻粉、海藻灰。

海藻肥的种类　海藻肥的种类覆盖撒施肥、叶面肥、基施肥、冲施肥、有机无机复混肥、生根剂、拌种剂、瓜果增光剂、农药稀释剂、花卉专用肥、草坪专用肥等多个类型。大部分产品都是以海藻粉为基础原料，与大量元素等复配，按可溶性肥标准登记。单独的海藻粉目前没有相关国家标准。

施用方法　海藻肥适用于各种蔬菜、果树、粮、棉、油、茶等作物。海藻肥产品的施用方法很多，最广泛的是叶面喷施，但种子处理也被证明对于促进提早发芽和提高生长初期抗逆能力十分有效。土壤施用和灌根在一些地区也可采用。越来越多的实践表明，海藻肥也可以成功应用于喷灌系统和灌肥系统。对于颗粒状海藻肥，可作底肥和追肥，可人工撒施、冲施或机械施用，方便、省工。

对于海藻提取物浓缩液肥或可溶性粉末，在使用之前应加水稀释。常见的施用方法如下。

(1) 叶面喷施　配成1：(500～1000) 倍水溶液均匀喷施于植物叶面和花果上，一般在作物播出苗后2～3片真叶，或在定植后7d左右开始喷施。以后每隔14～21d喷施一次，可喷施3～6次。

（2）灌根　配成1：（1000～2000）倍水溶液，每株浇灌100mL，以后每隔14～21d浇灌一次，共3～4次。

（3）浸种　配成1：300倍水溶液，根据作物不同分别浸种2～12h后播种。

以下以雷力海藻肥在辣椒上的应用技术为例说明其施用方法。

一是温汤浸种。在50～55℃温水中处理15min左右，待水温降到20～30℃，加入雷力2000复合液肥800倍液浸种8～12h。最后捞出洗净用纱布包好进行催芽。雷力2000浸种对种子发芽和病害的防治有很好的效果。

二是在移栽前1周喷施。叶面喷施雷力2000复合液肥1000倍液＋极可善1000倍液，有利于移栽后的缓苗和旺盛生长，增强植株的抗性。

三是以有机肥为主施用底肥，配合施用速效化肥。每亩施入腐熟有机肥3000kg＋25%雷力复混肥（氮、磷、钾比为10：6：9）50kg。这样可以改良土壤结构，增强通透性，利于保肥保水，促进辣椒的吸收。

四是中期管理。定植后5～7d，结合浇缓苗水，每亩用高氮雷力海藻肥10kg对水冲施。为苗期的迅速生长提供充足的氮元素，促苗壮苗。以后根据苗情每10～15d可冲施1次，每亩用雷力海藻肥10～12kg。同时叶面配合喷施雷力2000的1000倍液＋极可善1000倍液，对预防病虫害有较好的效果。在花前3d叶面施用雷力朋友情1000倍液以补充硼元素，减少落花落果，提高坐果率，对提高产量有显著效果。

五是膨果期施用。这个时期以补充钾和钙为主，适当补充氮肥。初结椒5d左右，每亩施用雷力高钾海肥施15kg，叶面喷施雷力2000的1000倍液＋雷力营养液钙1000倍液。

六是进入盛果期以后，每10～15d，亩用雷力海肥施10～12kg对水冲施，以防止辣椒早衰，从而保证高产。

全程施用雷力海藻肥，对辣椒的品质改善有显著效果。

注意事项

① 使用前必须充分摇匀，海藻肥一般为中性，可与其他大多数农药混合施，混用可增强农药的附着力和渗透力，提高药效，但不宜与强碱性农药混用。

② 宜于晴天露水干后上午 8～10 时或下午 3～5 时喷施，施药后 4h 内遇雨应补施。

③ 使用的间隔时间不要少于 7d，太短不利于发挥其肥效。

④ 禁止使用金属容器，贮存于阴凉干燥处，避免直射光。

甲壳素肥料（chitosan fertilizer）

甲壳素是一种多糖类生物高分子，在自然界中广泛存在于低等生物菌类，如藻类的细胞，节肢动物虾、蟹、昆虫的外壳，软体动物（如鱿鱼、乌贼）的内壳和软骨，高等植物的细胞壁等。甲壳素是一种天然高分子聚合物，属于氨基多糖。甲壳素的化学结构与植物中广泛存在的纤维素结构非常相似，故又称为动物纤维素，是目前世界上唯一含阳离子的可食性动物纤维，也是继蛋白质、糖、脂肪、维生素、矿物质以后的第六生命要素。

甲壳类动物经过处理后生成甲壳素和衍生物聚糖，在农业生产上的应用主要表现为可作生物肥料、生物农药、植物生长调节剂、土壤改良剂、农用保鲜防腐剂、饲料添加剂等。作为新一代的肥料产品，甲壳素肥料可谓融多种功能为一体，集各种优点于一身，特别适合生产无公害、绿色、有机农产品，对于提升国内农产品的市场竞争力、改善农业生态环境具有重要的意义和广阔的应用前景。21 世纪将是甲壳素的大研究、大开发、大应用时代。

作用特点

（1）增产突出　甲壳素对作物的增产作用十分突出，这是因为甲壳素可以激活其独有的甲壳质酶、增强植株的生理生化机制，促使根系发达、茎叶粗壮，使植株吸收和利用水肥的能力以及光合作用等都得到增强。用于果蔬喷灌等可增产 20%～40%或更多，使果实提早成熟 3～7 天，黄瓜增产可达 20%～30%，菜豆、大豆增产 20%～35%。

（2）具有极强的生根能力和根部保护能力　黄瓜使用甲壳素后 3 天，畦面可见大量白根生成，7 天后植株长势健壮。甲壳素区别于普通生根肥的关键在于甲壳素可以促进根系下扎，抵御低温对根系造成的损伤，使根系在低温条件下仍能很好地吸收营养，正常供给作物所需，有效避免了黄瓜花打顶现象。另外，甲壳素的强力壮根作用对根茎类增产效果尤为突出，是根茎类作物增加产量的又一新途径，马铃薯、生姜等增产幅度都很大。

（3）促进植株具备超强抗病能力　甲壳素可诱导防治的作物主要病害有：大豆的菌核病、叶斑病；油菜的菌核病、炭疽病；菜豆的褐斑病、白粉病、炭疽病、锈病；西瓜的镰刀菌根腐病、丝核菌立枯病、叶枯病、白粉病、菌核病；黄瓜的霜霉病、白粉病、枯萎病、红粉病、叶点霉叶斑病；番茄的根腐病、酸腐病、红粉病、斑点病、煤污病、白粉病、果腐病、炭疽病；茄子的褐斑病、果腐病、黄萎病、赤星病、斑枯病、褐轮纹病、煤斑病、黑点根腐病等；甜椒、辣椒的苗期灰霉病、根腐病、黄萎病、白绢病等。

（4）显著提高抗逆性　甲壳素可以在植株表面形成独有的生态膜，能显著提高作物的抗逆性。施用甲壳素以后，对作物的抗寒冷、抗高温、抗旱涝、抗盐碱、抗肥害、抗气害、抗营养失衡等性能均有很大提高。

（5）节肥效果明显　甲壳素可以固氮、解磷、解钾，使肥料的吸收利用率提高。其独有的成膜性可以在肥料表面形成包衣，使肥料根据作物所需缓慢释放。

（6）具有极强的双向调控能力　作物在旺长时甲壳素可以促进营养生长向生殖生长转化，而植株长势较弱时，甲壳素可以促进生殖生长向营养生长转化，使作物能平衡分配营养。

（7）可防治线虫病　甲壳素中所含的营养通过刺激放线菌的大量增殖，能够有效地控制线虫病的发生，从苗期连续冲施甲壳素，可以完全控制线虫的危害，还能提高作物品质、提高产量、改良土壤。对于发病较重的植株，配以阿维菌素类农药灌根，可以达到很好的防治效果，防效可达60天左右。连续施用药肥防治线虫病害，第一年可以减轻发病率40%，产量增加45%，品质明显改善；第二年可减轻发病率60%，产量增加32%，微生物区系明显改善。

（8）可作果蔬保鲜剂　甲壳素在植株表面形成薄膜，对病菌的侵害起阻隔作用，而且这层膜有良好的保湿作用和选择性透气作用。这些特性决定了甲壳素可以成为果蔬保鲜剂的最好原料。目前应用最多的是水果、蔬菜的保鲜。虽然甲壳素的保鲜效果不如气调、冷藏等传统的贮藏方法，但是它应用方便，价格低廉，无毒无害，作为一种辅助的贮藏方法是大有应用空间的。

注意事项

① 已感染病虫害的作物，应先使用农药治好后再使用甲壳素，因甲壳素的主要功能是防治，无直接快速杀菌或杀虫的效果。

② 高浓度的甲壳素本身具有降解农药残留、絮凝金属离子、破坏某些农药乳化状态的性质，一般不建议将甲壳素与农药或农药乳油原液混配使用。

③ 禁止原液混配。不论是杀菌剂、杀虫剂原液或原粉都禁止与甲壳素原液或原粉混配。要混配使用，必须分别稀释成一定浓度的稀释液后混配使用。

④ 与杀菌剂混用的要求。可以与链霉素、中生霉素、多抗霉素等大多数单一成分杀菌剂混用，只要分别配成母液即可。不能与无机铜制剂混用。

⑤ 甲壳素本身具有“植物疫苗”的作用，能够诱发作物对病害的抵抗力。与杀菌剂交替使用，杀菌剂使用次数减半，能够达到同样的防治效果，并且产量增加20%以上。

⑥ 与杀虫剂混用的要求：应先将甲壳素产品与杀虫剂分别稀释到相应的倍数后混配试验，如无反应才可使用。不和带负电的农药混合使用，因甲壳素带正电，会和某些带负电的农药发生凝胶沉淀现象（类似蛋花汤一样），使药效消失且阻塞喷雾器的喷雾孔。

⑦ 不宜与其他的植物生长调节剂混配使用。

腐植酸肥料（humic acid fertilizer）

腐植酸，又叫胡敏酸，是动植物残体（主要是植物的残体）经过微生物的分解和转化，以及地球物理、化学的一系列作用累积起来的，或利用非矿物源生物质原料经一定工艺人工合成的一类由芳香族、脂肪族及其多种功能团组成的无定形的高分子有机弱酸混合物。

腐植酸的主要元素组成为碳、氢、氧、氮、硫和磷，以游离酸及其金属盐（腐植酸盐）形态存在于低价煤、泥炭和经腐殖化的生物质加工原料中，是一组分子量相对较大，组成十分复杂，含有酚羧基、羧基、醇羟基、磷酸基、氨基、游离的醌基、半醌基、醌氧基、甲氧基等多种官能团，具有螯合、络合、吸附、氧化还原、缓冲缓释、胶结等多种功能的有机络合羧酸无定形混合物。

施用方法

（1）固体腐植酸肥施用方法

① 作基肥　固体腐植酸肥主要指含植物所需营养元素的腐植酸复混肥，用作基肥施用肥效较好，作基肥比追肥增产5%～17%。作基肥可以采用撒施、穴施、条施的办法。各地试验表明，集中施用（穴施、条施）比分散施用效果好；深施比浅施、表施效果好。

② 作种肥　腐植酸复混肥作种肥施在种子附近，比化肥作种肥更为安全，肥效也好，因为腐植酸可减少或避免因化肥局部浓度过高对种子发芽造成的伤害。

③ 作追肥　腐植酸复混肥作追肥应该早期追施，因其肥效慢、后劲长，防止追肥过晚作物贪青晚熟。追肥时，应在距离作物根6～9cm的地方挖坑或开沟施入，追施后结合中耕覆土。追肥以穴施、条施为好，追施后最好结合浇水，或者在雨前追施，因为保证一定的土壤水分，腐植酸肥容易发挥肥效。稻田追肥后，应及时中耕，使肥料与土壤混合，防止由于淹水造成肥料流失。

④ 压球造粒施用　腐植酸肥压成球或造粒后深施，既便于施

用，又能使肥料集中在根系附近，充分发挥肥效。南方各省（自治区）结合水稻追肥，把颗粒肥施到水稻蔸（穴）中间，以充分发挥颗粒肥的特点，取得较好的效果。

⑤ 秧田施肥　腐植酸肥在秧田施用，对培育壮秧、增强秧苗抗逆性有利。秧田施用腐肥，可以结合犁田、耙田，作秧田基肥。

⑥ 施肥量　以化肥为主添加腐植酸制成的腐植酸复混肥，氮、磷或氮、磷、钾养分总量应不低于20%～25%，腐植酸含量5%～15%即可。这种类型的肥料一般每亩施用量30～60kg，与普通化肥施用量相似，但其肥效特别是养分利用率高于普通复混肥。

把硝基腐植酸铵作为化肥增效剂与化肥混合施用效果很好，每亩硝基腐植酸铵一般施用量为10～20kg。

⑦ 施肥深度　适当深施，效果较好。含腐植酸的氮、磷、钾复混肥一般施在种子下12cm处。

（2）液体腐植酸肥施用方法　液体腐植酸肥主要指溶于水的腐植酸钠、腐植酸钾、黄腐酸以及添加少量水溶性养分的液体肥料。

① 浸种　可以用腐植酸钠、腐植酸钾或黄腐酸溶液浸种。目前各地一般采用0.01%～0.05%的浓度浸种。蔬菜、小麦等种子浸5～10h，水稻、玉米、棉花等浸24h以上。浸种温度最好保持在20℃左右，浸种后取出稍加阴干即可播种。

由于浸种比较费工，近来一些地区农村采用拌种的方法，效果也很好。拌种是把腐植酸调成略浓一些的溶液喷洒在种子上，混拌均匀，使腐植酸沾在种子表面，稍加阴干即可播种。

② 蘸秧根、浸插条　水稻、甘薯、蔬菜等移栽作物或果树插条，可以用腐植酸溶液浸泡，或在移栽前将腐植酸溶液加泥土调制成糊状，将移栽作物根系或插条在里边蘸一下，立即移栽。浸根、浸条、蘸根可以促进根系发育，增加次生根数量，缩短缓秧期，提高成活率。浸根的浓度约0.05%～0.1%，蘸根的浓度可适当高些。浸泡时间一般11～24h，提高温度可缩短时间。浸根、浸条、蘸根只需浸泡秧苗或插条的根部、基部，切勿将叶部一起浸泡，以免影响生长。

③ 喷施　水稻、小麦等作物扬花后期至灌浆初期，喷洒浓度为0.01%～0.05%，每亩喷洒约50kg稀溶液。喷洒在每天14～18时进行。

小麦在穗分化开始喷洒黄腐酸，喷洒浓度为0.03%～0.05%，喷2～3次，每次间隔5～7d。

④ 追施（浇灌）　将腐植酸钠、腐植酸钾溶于灌溉水中，随水浇灌到地里。旱田可在浇底墒水或生育期内灌水时，在入水口加入原液，根据流量调节原液用量，原液浓度0.05%～0.1%，每亩每次需加原液50kg左右，折合每亩加入纯腐植酸钠（钾）约0.5kg。水稻田可结合各生育期灌水分几次施用，浓度和用量与旱田基本相同。可提苗、壮穗，促进生长发育。

土壤调理剂(soil conditioner)

土壤调理剂，又称土壤结构改良剂，简称土壤改良剂。根据它的不同作用，又有相应的名称。目前国内外将这类制剂统称为土壤调理剂。它是根据团粒结构形成的原理，利用植物残体、泥炭、褐煤等为原料，从中抽取腐植酸、纤维素、木质素、多糖羧酸类物质，作为团聚土粒的胶结剂，或模拟天然团粒胶结剂的分子结构和性质所合成的高分子聚合物。前一类制剂为天然土壤调理剂，后一类则称为合成土壤调理剂。

目前农业上使用的土壤调理剂多为高分子聚合物。分为水溶性聚合物［非交联性聚丙烯酰胺（PAM）］和胶结性聚合物（淀粉接枝聚合物和交联性丙烯酰胺/丙烯酸共聚物）。近年来，除了高分子聚合物类土壤调理剂的研究应用外，石膏、铝硅酸盐矿物、废弃物（如木屑、动物粪便、废弃油）等的利用也引起广泛重视。土壤调理剂在一定程度上能够松土、保湿、改良土壤理化性状、促进植物对水分和养分的吸收。

施用方法

（1）施用量　一般以占干土重的百分率表示。若施用量过小、团粒形成量少，作用不大；施用量过大，则成本高，投资大，有时还会发生混凝土化现象。根据土壤和土壤调理剂性质选择适当的用量是非常重要的，聚电解质聚合物调理剂能有效地改良土壤物理性状的最低用量为10mg/kg，适宜用量为100～2000mg/kg。

（2）施用方法　固态调理剂施入土壤后虽可吸水膨胀，但很难溶解进入土壤溶液，未进入土壤溶液的膨胀性调理剂几乎无改土效果。因此，以前使用较多的为水溶性土壤调理剂，并多采用喷施、灌施的技术方法。但对于大片沙漠和荒漠的绿化和改良，由于受水分等条件的限制，喷、灌施的技术则难以适用。

（3）施用时土壤湿度　以往普遍认为，适宜的湿度为田间最大持水量的70%～80%，最近，由于施用方法从固态施用到液态施用的改进，施用时对土壤湿度的要求与以前不同。研究证明，施用前要求把土壤耙细晒干，且土壤越干、越细，施用效果越好。

（4）两种或两种以上调理剂混合使用　低用量的高分子絮凝剂（PAM）和多聚糖混合使用，改良土壤的效果明显提高，两种土壤调理剂混合，具有明显的正交互作用。

（5）土壤调理剂同有机肥、化肥配合使用　增加土壤有机质能起到改良土壤物理性状、提高土壤养分含量的双重作用。

注意事项　对于恶化的土壤，在治理时要采取短期加长期的措施，就短期恶化土壤改善而言，使用调理剂的效果是最快的。当前已经有许多土壤调理剂产品，然而农民在使用的时候，针对性往往不足，使用比较盲目。有时将恶化土壤的某项指标纠正到适宜以后却依然使用，结果出现了矫枉过正的局面。因此，在使用土壤调理剂时要有针对性地施用。

（1）确定土壤已经出现了恶化的情况下才使用　在蔬菜等作物种植过程中，生长出现问题并不一定代表土壤已经恶化。了解和判断土壤是否有恶化的趋向或者已经恶化必须通过正规的检测部门对土壤进行检测。当检测结果为不适宜蔬菜等作物生长的时候，就应该使用相应的土壤调理剂进行适当的调理，将土壤各项指标恢复到正常的范围内。而当土壤已经明确表现出红白霜、板结的情况时，说明土壤恶化的问题已经很严重了，此时应立即使用土壤调理剂进行调整。比如使用土壤疏松产品、排盐调剂产品等。

（2）不能长期依赖使用，避免调节过度　土壤调理剂的主要作用是改良土壤的偏酸、偏碱、盐渍化以及板结状态，因此不能长期使用，否则会导致过度矫正而不利于作物生长。因此，土壤调理剂应根据不同的恶化情况使用不同的数量及次数。而对于市场上的一些以调理剂为主，添加了其他养分（如有益菌、海藻精、腐植酸等）的肥料可适当延长使用次数。尤其是以有益菌为主的产品，要配合有机肥料长期使用，才能够达到矫正并且保持的良好效果。

（3）正确使用土壤调理剂产品可快速改良恶化土壤　以土壤疏松及免深耕调理剂为例。它需要根据不同的土质类型来掌握正确的用量。对于土块板结、黏性大、水肥分布不均、耕作层较浅的土壤，每年使用 2 次，以后逐年减少用量直至不施。在使用时一定要正确掌握用量，用量过低难以达到改良效果；用量过高或施用次数过多，则会造成浪费。水是土壤免耕剂的生物活性载体，如果土壤里没有充分湿润的水分，免耕剂的生物活性就不能激活。因此，使用土壤疏松及免深耕调理剂以后要保持土壤有一定的湿度。

参考文献

[1] 王迪轩．农民科学施肥必读．北京：化学工业出版社，2013.

[2] 王迪轩，何永梅，李建国．新编肥料使用技术手册．第二版．北京：化学工业出版社，2017.

[3] 张新明，张志华．绿色食品肥料实用技术手册．北京：中国农业出版社，2016.

[4] 崔德杰，杜志勇．新型肥料及其应用技术．北京：化学工业出版社，2017.

[5] 赵秉强等．新型肥料．北京：科学出版社，2013.

[6] 姚素梅．肥料高效施用技术．北京：化学工业出版社，2014.

[7] 周宝库，张秀英，张喜林等．化肥施用技术问答．第三版．北京：化学工业出版社，2014.